RA

HJ科幻模型精選集

# 逆襲的夏亞特輯

# 傳達可不是虛有其表！

《機動戰士鋼彈 逆襲的夏亞》全新製作動畫電影於1988年上映，描述阿姆羅・嶺與夏亞・阿茲納布爾之間展開最後決戰的故事。故事背景為宇宙世紀0093年，夏亞率領新生新吉翁掀起「夏亞叛亂」，以阿姆羅與布萊特・諾亞為首的地球聯邦軍獨立外圍組織隆德　貝爾隊挺身對抗新吉翁，雙方爆發一番激戰。即使上映後歷經30多年的時光，仍深受各方熱烈支持，可說是一部不朽名作。HJ科幻模型範例精選集第10期中，將以這部作品的機體為題材，以全新製作的鋼彈模型和自製模型等立體作品來回顧這段故事，毫無保留地傳達其魅力。

機動戰士鋼彈

傾力特輯

# 逆襲的夏亞

# 成為MS研發轉換期的《逆襲的夏亞》時代

## 「Mobile suit Development」

複雜的可變機構、大型MA及高成本腦波傳導兵器等，為U.C.0080年代末的戰場增添許多風采。到了作為《機動戰士鋼彈 逆襲的夏亞》舞台的U.C.0093年時，狀況卻變得截然不同，開始削減成本、進行機種整合與汰換。U.C.0090年代的MS研發究竟發生何事呢？

統籌・文／河合宏之

### U.C.0093年開始「縮減軍備」

U.C.0093年是隨著第1次新吉翁戰爭結束已有5年之久，整體方向也跟著轉往大幅縮減軍備的時代。最具象徵性的，就屬MS的機種整合與汰換。就格里普斯戰役時期有著飛越性發展的MS研發潮流來說，當時是往各地紛紛設置MS工廠的方向發展。包含地球聯邦軍系工廠、新人類研究所、安那罕電子公司（AE社）、阿克西斯、朱比特里斯等處在內，MS研發可說是邁入百家爭鳴的時代。在這之後，歷經令MS獲得有如恐龍般進化的第1次新吉翁戰爭時期，隨著時間邁入U.C.0090年代，足以牽連到整個地球圈的大規模衝突也逐漸平息下來。於是地球聯邦軍高層開始整頓已發展過於龐大的MS工廠，第一步就是大膽地將研發主力機種這個任務發包給屬於外部機構的AE社。

### 回歸MS基礎的機種整合汰換

只要能研發出具備出色通用性的高性能MS，即使不依靠各式各樣的局地專用機型，照樣能執行各種不同領域的任務。畢竟以最初做出來的戰鬥用MS薩克來說，原本就是發揮屬於人型的通用性，才進而應用到各種領域中的全方位兵器。不過隨著一年戰爭的戰況日益激烈，吉翁公國軍也投入各式各樣的局地專用MS。相對地，為了挽回原本在研發MS領域較落後的劣勢，地球聯邦軍將量產具備出色通用性的MS訂為基本原則。如果說格里普斯戰役時期研發諸多MS是往過去吉翁的走向靠攏，那麼在時勢所趨下縮減軍備的U.C.0090年代，即可稱為回歸地球聯邦軍的初期研發概念，亦即重新找回MS這種兵器的基礎何在。

### 情況相異的新吉翁陣營考量

即便是重新振興起第二新吉翁的夏亞・阿茲納布爾，也同樣得面對這個機種整合汰換的趨勢。不過就新吉翁來說，由於接連在格里普斯戰役、第1次新吉翁戰爭中消耗許多吉翁遺留下來的資產，因此在資金方面留下重大影響。哈曼・坎恩時代曾從地球聯邦政府手中取得不少影響力，但到了這個時期早已不見蹤影。新吉翁已無從部署多樣化機種，也不可能自行研發MS，只好委託AE社進行主力機種的研發。就有衝突發生才能持續進行MS研發事業的AE社，以及如今已成為小規模勢力的新吉翁來看，這可說是雙方利害關係一致的結果。就這樣，即便同為AE社的一員，卻上演馮・布朗工廠在為地球聯邦軍研發傑鋼，格拉納達工廠則是在為新吉翁研發基拉・德卡的詭異狀況。

## MECHANIC

### 新時代的基準

地球聯邦軍

#### RGM-89 傑鋼

這是由AE社研發的地球聯邦軍量產型MS，為交由聯邦軍以外單位進行研發＆生產的首款主力MS。在隨著縮減軍備而進行機種整合汰換的時代下，回歸MS的原點所在，亦即「提升作為人型兵器的能力」。該研發概念說到底就是經由強化發動機輸出功率，讓機體能更為輕盈這類簡潔的改良，達成提升MS能力的目標。就結果來說，傑鋼後來持續服役30年以上，實現長期運用這個目的。

基礎機

量產機

新吉翁

#### AMS-119 基拉・德卡

這是由AE社格拉納達工廠所研發的新吉翁主力MS，可說是回歸戰鬥用MS原點所在「薩克」的設計概念，往窮究於提升作為人型兵器所需的性能進行研發而成，恰巧和地球聯邦軍的傑鋼有著相同研發方向。和傑鋼截然不同之處，在於因為新吉翁本身是小規模勢力，無從期待能從據點獲得充分的補給支援，所以較著重於經由提高增裝燃料槽的搭載量等方式來強化續戰能力這點。

這是採用藍色系個人識別配色，而且配備刃狀天線的蕾森座機，在性能上則是與一般機並無差異。

蕾森座機

# 摸索王牌座機所需的性能

地球聯邦軍

## RX-93 ν鋼彈

這是由阿姆羅親自參與設計與研發的特製機體。對於在分派至隆德·貝爾隊之前，在最前線進行戰鬥的阿姆羅來說，他很清楚光憑傑鋼和Re-GZ是無從阻止夏亞的，也因此體認到必須研發針對自身專用進行特化的高性能機體才行。最值得一提之處，就屬在冠上了鋼彈這個名號的機體中，這是第一架作為新人類專用機進行研發的。駕駛艙一帶採用鑲嵌有腦波傳導晶片的新材質腦波傳導框體，得以成功地做到將腦波傳導系統小型化。這也使得機體的從動性、感應砲的反應速度都獲得提升。儘管腦波傳導框體源自夏亞刻意洩漏的情報，但阿姆羅也是在搭載之後才首度知曉此事。機體本身所配備的翼狀感應砲共有6具，雖然在尺寸上比以往的感應砲大，卻也隨著能夠搭載發動機而獲得提高攻擊力、擁有出色續戰能力等優點。另外，甚至還擁有可展開I力場防護罩之類作為防禦裝備使用的機能。

新吉翁

## MSN-04 沙薩比

這是作為新吉翁總帥夏亞專用機所研發的高性能MS。採用AE社格拉納達工廠所研發的新材質「腦波傳導框體」，得以讓腦波傳導系統小型化。可說是吉翁系技術結晶的MS。另一方面，夏亞也將腦波傳導框體相關資料提供給負責研發ν鋼彈的馮·布朗工廠，這是出自夏亞希望能與阿姆羅用性能同等的MS一戰這等個人美學所致。

新吉翁

## MSN-03 亞克托·德卡

這是新吉翁的腦波傳導裝置搭載型新人類專用MS。原本是作為沙薩比的定位，以基拉·德卡的骨架為基礎進行研發。雖然隨著採用腦波傳導框體和感應砲，以及搭載大型發動機等設計，確實令性能大幅凌駕於基拉·德卡之上，但終究還是沒能達到夏亞所要求的性能。

全新研發

裘尼座機

葵絲座機

# 逐漸沒落的舊世代遺產

地球聯邦軍

## RGZ-91 Re-GZ

這架機體乃是根據在Z計畫下誕生的MSZ-006 Z鋼彈進行重新設計而成。在排除作為首要特徵的變形機構後，改為往發揮屬於純粹的MS性能這個方向進行研發。相對地，至於變形後所具備的優點則是藉由採用分離型選配式組件「背包武裝系統（BWS）」來重現。儘管BWS組件本身搭載大口徑光束加農砲、光束加農砲×2等武裝，在提升攻擊力方面確實有所成效，卻也有著一旦排除BWS，就會無法在戰鬥中重新裝備回來等諸多運用方面的問題。RGZ系在日後確實有著採用簡化型變形系統的里澤爾延續命脈，但MS的變形機構終究走上了衰退一途，改由與基座承載機之類輔助飛行系統合作行動作為最普遍的運用形式。

新吉翁

## NZ-333 α·阿基爾

這是新吉翁的新人類專用大型MA，可說是如同舊時代遺產的存在，全長超過100m，是這個時代已極為罕見的大型機體。機體下半部配備用於取代雙腿的2具大型增裝燃料槽，裙甲部位則是搭載9具感應砲。

## 王牌的不滿促使研發高性能機體

雖然以量產機來說，傑鋼和基拉·德卡確實具備出色的性能，但一部分王牌駕駛員還是表明覺得有所不足。將機種予以統一後，的確提升諸多基礎能力，但若是要足以對應所有駕駛員所求的能力，那麼終究還是只能在性能上取得平均值。將這方面想像成家用轎車與跑車之間的差異，應該就比較易於理解。尤其是從MS戰的歷史來看，顯然與王牌駕駛員的活躍表現有著密切關係，追求平均性能的話，必然會有無法滿足這方面需求的問題。不過就屬於第一線人員的隆德·貝爾隊和地球聯邦軍高層來說，雙方的想法可說是大相逕庭。因此阿姆羅會親自參與研發ν鋼彈作為專用機一事，就某方面來說或許是個必然的結果。不過儘管稱為專用機，卻也並未一昧依賴可變系統、大火力武裝、腦波傳導兵器這些屬於以往高性能機體代名詞的裝備，頂多是著重於提升MS的基本性能上，這點亦可稱為此時代的象徵呢。

## 有所變化的感應砲運用法

如果從ν鋼彈和沙薩比的裝備面來看，感應砲在運用方式上有所不同是值得一提之處。就過去的感應砲搭載機來說，有著僅憑單機之力就足以主宰整個戰場的強大力量。然而隨著感應砲的存在廣為周知，該優勢也逐漸地不復存在。不僅如此，隨著時代演進到U.C.0096年之際，甚至還出現地球聯邦軍特務隊所屬武裝強化型傑鋼運用散彈封鎖住剎帝利的感應砲等情況，可見當時已經建立明確的對策。因此感應砲的定位已不再是主力戰鬥武器，而是變成提升MS能力之際所附加的輔助武裝。雖然過去丘貝雷搭載多達20具的感應砲，但這個時代的感應砲搭載量則是減少到4～6具，顯然是根據在專注於操縱MS之餘，能夠發揮最大運用效果所評估的數量。

## 進入長達30年的MS研發停滯時代

在第2次新吉翁戰爭結束後，雖然偶爾會發生局地性的衝突，但已經不至於演變成像一年戰爭那樣的大規模衝突，因此軍備也持續往縮減的方向發展。僅就檯面上的歷史來看，MS研發可說是進入停滯期，這種狀況也一路持續到U.C.120年代。不過檯面下則是在往「將MS小型化」這個革命性概念的方向進行摸索，地球聯邦軍也據此推動方程式計畫。另一方面，骷髏尖兵陣營則是率先讓小型MS進入實際運用階段。隨著這個嶄新的革命性概念到來，MS研發總算邁入全新的局面。

## U.C.0093 技術領域話題

### 腦波傳導框體

這是將腦波傳導用電腦晶片以金屬粒子等級鑲嵌其中的結構構件，對於大幅度縮小腦波傳導系統的尺寸有著顯著貢獻。

### 抓握式球形操縱桿

這是在U.C.0090年代登場的控制系統，在構造上是用手抓握住球形的控制器後，即可運用手掌和手指的動作進行操作，能夠做到前所未見的細膩操作程度。

### 感應砲

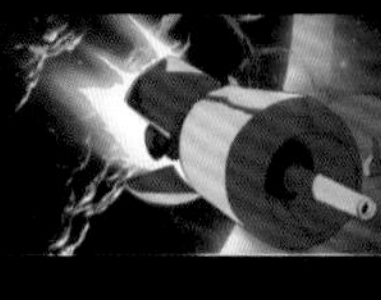

過去感應砲是以尺寸較小巧且搭載10具以上為主流，但這個時代隨著搭載發動機之類的需求而加大尺寸，運用方法也轉變為屬於輔助武裝的定位。

### 輔助飛行系統

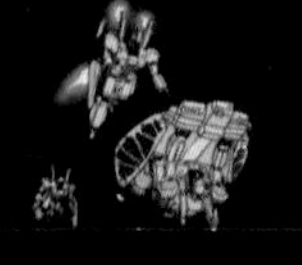

雖然在格里普斯戰役期間，為了擴大MS的行動範圍，引進可變系統的趨勢隨之興起，但後來也受到成本不斷攀升的影響而沒落。在MS走向提升基本性能的路途之餘，擴大移動範圍的需求是藉由使用輔助飛行系統來解決。

# 由阿姆羅親自參與設計和研發的新人類專用鋼彈型機體

BANDAI SPIRITS 1/100 scale plastic kit
"Master Grade" νGUNDAM Ver.Ka use

# RX-93 νGUNDAM

modeled&described by NAOKI

## 阿姆羅最後的出擊 U.C.0093.0312

隨著核脈衝引擎點火，阿克西斯進入朝地球墜落的軌道。儘管已付出包含凱拉・蘇在內的諸多犧牲，隆德・貝爾隊還是為了阻止阿克西斯而展開最後的戰鬥。阿姆羅・嶺亦領悟到這將會是與夏亞之間的最後決戰，於是向倩恩・亞基訴說這份決心。在配備了翼狀感應砲的狀態下，為了替一切做出了結，ν鋼彈勇赴最後的戰場。

## 以Ver.Ka為基礎 融入動畫設定圖稿的特徵

ν鋼彈乃是阿姆羅・嶺親自參與設計和研發，由AE社馮・布朗工廠建造完成的新人類專用鋼彈型機體。不僅採用屬於新材質的腦波傳導框體，還搭載鋼彈型機體首見的腦波傳導兵器（翼狀感應砲）。雖然是不具備變形合體機構的簡潔設計，卻與阿姆羅身為駕駛員的能力相輔相成，在「夏亞叛亂」中締造了醒目的戰果。這件範例是以傑作套件Ver.Ka為基礎製作而成，各部位均融入屬於動畫設定圖稿的特徵，藉此向前所未見的表現方向挑戰。

使用BANDAI SPIRITS 1/100比例 塑膠套件
「MG」ν鋼彈Ver.Ka

## RX-93 ν鋼彈

製作・文／NAOKI

RX-93 νGUNDAM

▲這是製作途中的全身照。由照片中可知，為了融入動畫設定圖稿的特徵，全身各部位都經過修改。修改部位詳情請見自P.14起的說明，設定圖稿的重點則是如同下方列表所示。

TOPICS

## 動畫設定圖稿的特徵

- 呈現下垂狀且頂面很長的胸部
- 大幅往側面延伸的肩甲
- 看起來很長、實際不長的前臂
- 縱向很長的腰部中央區塊
- 各裙甲的尺寸感
- 意外地長的後裙甲
- 腿部頂端的位置
- 大腿的長度與位置
- 前裙甲與膝裝甲的相對位置
- 小腿～腳背護甲的線條
- 腳掌的均衡感
- 族繁不及備載（作者調查）

## COLORING DATA

主體白1＝中間白（NAZCA）
主體白2＝中間灰Ⅱ（gaianotes）
主體深藍＝預定透過NAZCA品牌發售的研發中塗料
主體紅＝火焰紅（NAZCA）
主體黃＝預定透過NAZCA品牌發售的研發中塗料
關節色1＝機械部位用深色底漆補土（NAZCA）
關節色2＝西奈灰1（MODELKASTEN）
感測器類＝稜鏡藍綠（gaianotes）

# 可說是人型兵器原點的武裝與腦波傳導兵器翼狀感應砲

ν鋼彈與阿姆羅・嶺最初搭乘的RX-78-2鋼彈相仿，有著很簡潔的輪廓，亦配備了光束軍刀、光束步槍、火箭砲這類傳統的武裝。再加上屬於攻防一體的腦波傳導兵器翼狀感應砲後，造就U.C.0093最強的機體。

## 頭部組件

▲頭部設有長短不同的雙重V字形天線，在雙頰處還備有複合感測器。火神砲為拋殼式設計，因此在頭部側面設有拋殼口。

## 武裝

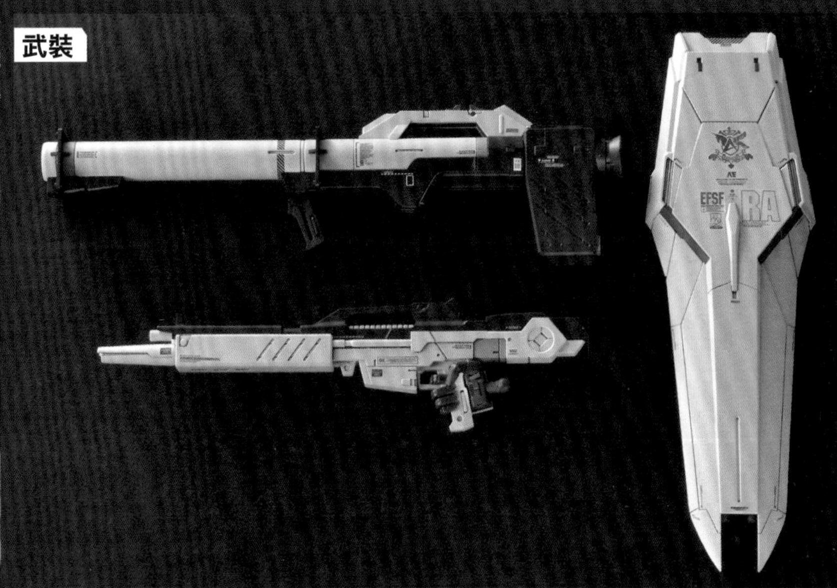

▲攜行武裝為護盾、光束步槍，以及新超絕火箭砲。

## 光束軍刀

▲在推進背包和左臂掛架處各配備1柄光束軍刀，推進背包處這柄光束軍刀的尾部亦能形成光束刃。

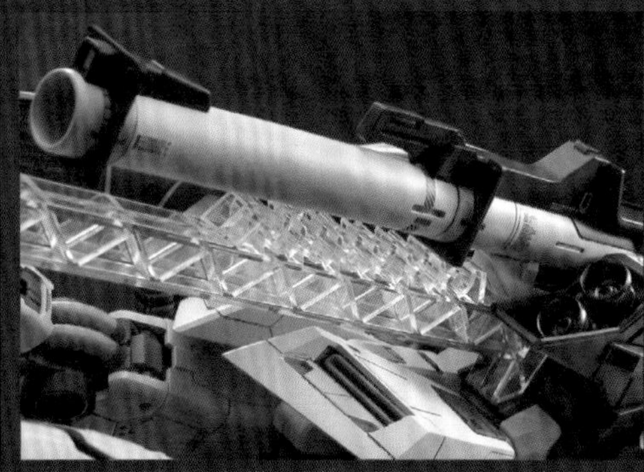

▲新超絕火箭砲能夠掛載在推進背包上，而且在掛載狀態下也能開火射擊。

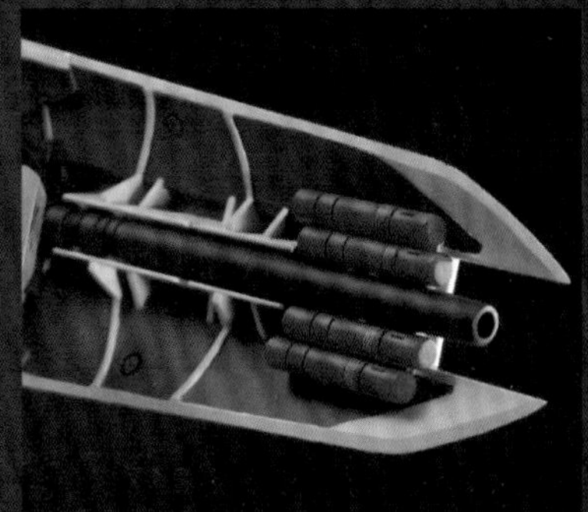

▲護盾內側配備光束加農砲1門，以及4枚小型飛彈。

## 翼狀感應砲

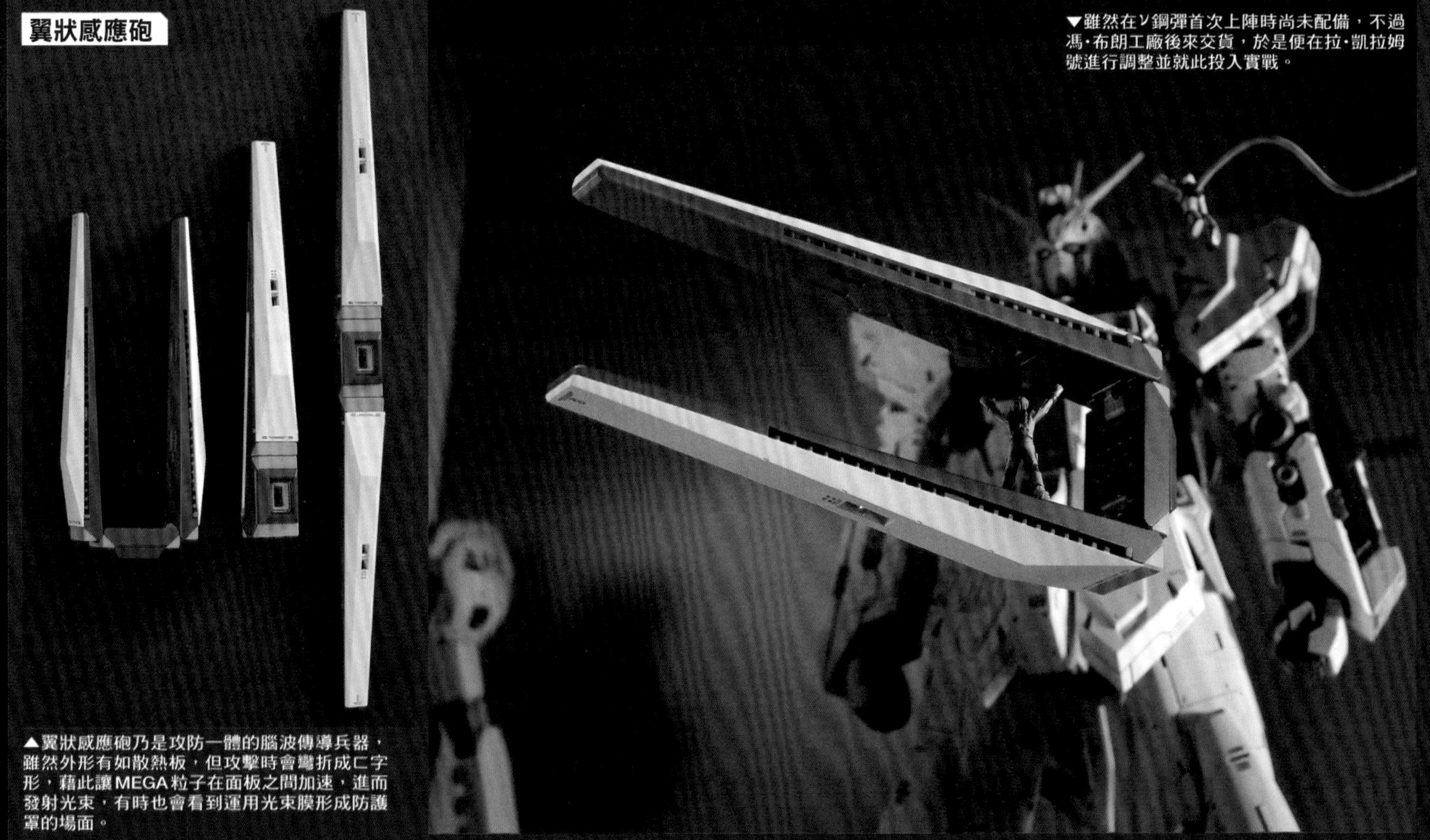

▼雖然在ν鋼彈首次上陣時尚未配備，不過馮・布朗工廠後來交貨，於是便在拉・凱拉姆號進行調整並就此投入實戰。

▲翼狀感應砲乃是攻防一體的腦波傳導兵器，雖然外形有如散熱板，但攻擊時會彎折成ㄈ字形，藉此讓MEGA粒子在面板之間加速，進而發射光束，有時也會看到運用光束膜形成防護罩的場面。

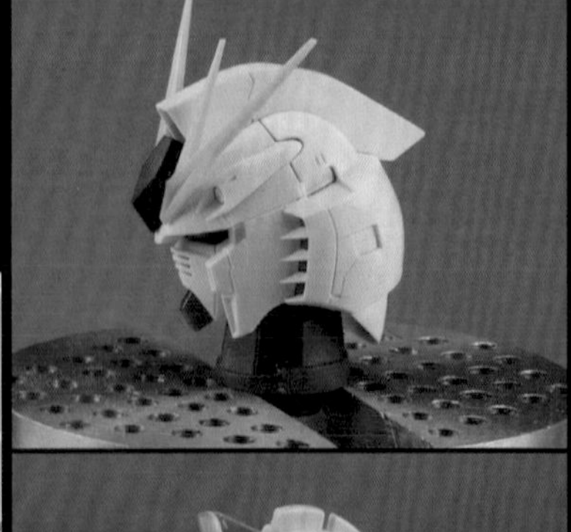

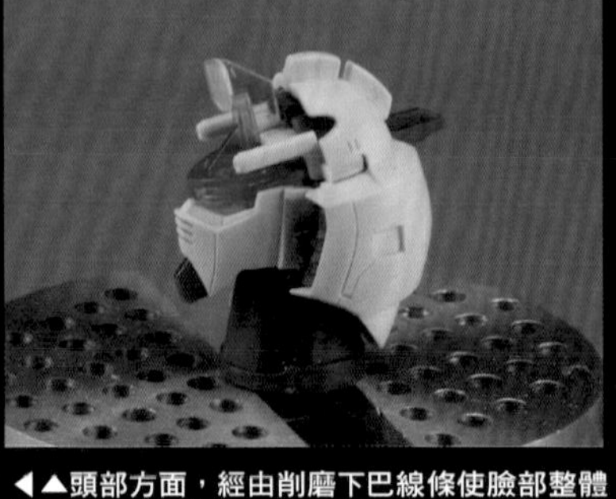

◀▲頭部方面，經由削磨下巴線條使臉部整體尺寸小一點。眼眶的寬度與角度也一併調整，將雙眼尺寸也切削得小一點。調整面罩縱向刻線的寬度與角度，並將頭盔眼部側面的線條修改得淺一點，重雕護頰處的溝槽。削低頭冠側面頂點高度之餘，將正面兩側角度修改得較為挺立。修飾頭盔下緣，讓從頭部後側延伸至此的線條相連得更美觀。

◀▲肩甲是先將外裝零件固定為發動模式，然後用塑膠板將形狀修改成讓下端外緣身體這側的頂點能更往內一些。如此一來，即使整體的長度並未改變，也能讓橫向長度「看起來」顯得更長。

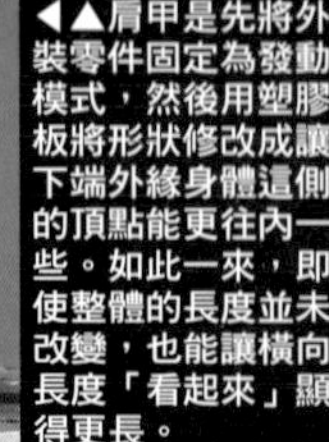

▲上半身先固定為發動模式以進行修改。稍微調整胸部散熱口的角度後固定，為白色區塊預留緩衝空間，將中央區塊固定在稍前處，並削掉一些往前凸出的部分。腹部也固定為發動模式加以延長，將上節外裝零件往下移並固定後，延長下節的頂端。用塑膠板重製外裝零件正面，減少視覺資訊量。

◀將大腿外裝零件頂端在AB補土能維持住厚度的前提下加以延長，藉此在不改變腿部長度的情況下，使腿部能顯得長一點。不僅如此，還將膝裝甲的頂端給延長，並且對小腿正面進行削磨調整，藉此修正成流暢地往下延伸的形狀。

接下來要說明這次製作的ν鋼彈Ver.Ka。這是一款眾所周知的傑出套件，雖然先前製作過好幾次，但ν鋼彈畢竟是很特別的機體，因此製作時依舊會感到緊張。這次要用什麼表現方式挑戰這款套件呢？以立體造型的帥氣程度來說，這款MG Ver.Ka和RG都已是相當成熟的產品，而且相當熱門，想必大家都做得十分帥氣威風，這使得我苦思許久（笑）。最後決定設法應用套件本身的帥氣，往回歸原點的方向發揮，亦即以設定圖稿為準，融入屬於ν鋼彈的特色。

不過這方面的微幅差異其實頗難表現，因此這次並非以「重現或貼近設定圖稿」為目的，而是在發揮Ver.Ka這款於立體造型面上已臻成熟的傑作套件既有韻味之餘，以向設定圖稿致敬為前提，將這些要素巧妙地融入其中。

話雖如此，重新審視設定圖稿之後，才發現正因為ν鋼彈的造型很簡潔，所以想要取得均衡真的很困難啊！

尤其是胸部和腰部一帶的相對位置，想要將均衡感等方面拿捏得好實在非常困難啊！究竟該用什麼方式將這些要素融入其中才好呢？若是大家能從各部位解說裡感受到究竟投注了多少心思，那將會是我的榮幸（笑）。

## ■頭部

雖然零零碎碎地寫了很多東西，不過頭部是以我個人認定的「帥氣感」為目標（笑）。

## ■胸部

重新審視設定圖稿後，發現胸部不僅下垂幅度很大，頂面的縱向長度也很長。只要和中央的白色部位相比較，即可理解該處有多長。因此先將零件固定成發動模式，以便呈現這種氣氛。

## ■腰部

此處是這次拿捏均衡感時最花工夫的地方。設定圖稿中最令人印象深刻的，就屬腰部中央的長度、前裙甲外緣的角度，以及腿部頂端，詳情留待後述。比對腰部中央和大腿位置時，會發現大腿是從相當上方的位置延伸出來。為了巧妙地營造出這種氣氛，需分割腰部中央區塊的骨架，將位置下移，並將此處的外裝零件往下延長。

▲腰部方面，將中央的骨架分割開來、位置下移，往下延長外裝零件。前裙甲則是配合腰部中央裝甲加大尺寸，後裙甲亦從中分割開來以大幅延長。

▲腳掌方面，比照設定圖稿重現深藍色靴子頗具立體感的外形（側面外緣、腳背護甲削薄，與腳尖有高低落差），為重現前端狹窄的腳背護甲而進行重製。

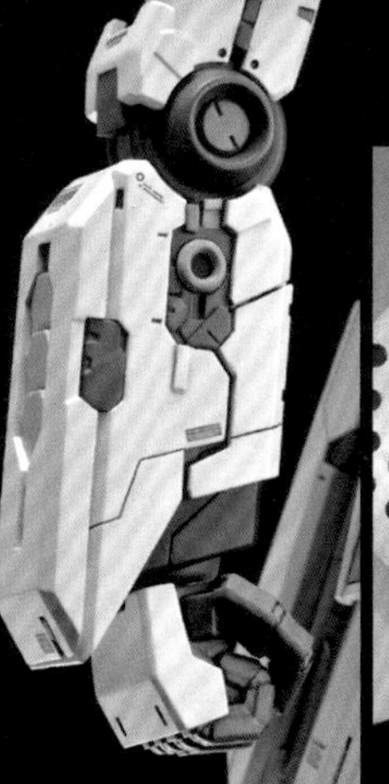
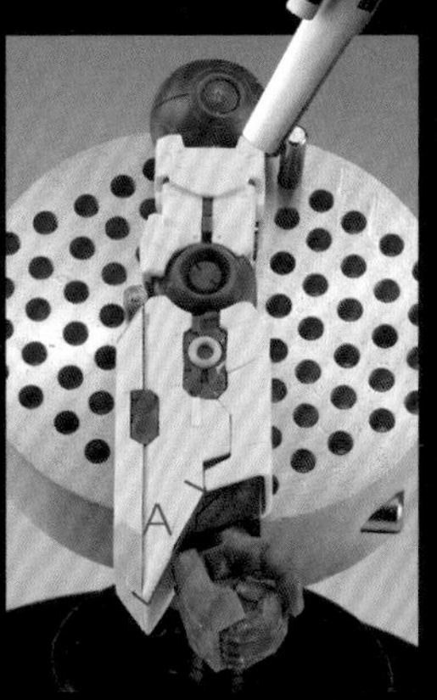

▲將前臂修改成能夠凸顯製作途中照片裡A字部位長度的形狀，藉此仿效設定圖稿中給人的印象。左臂也配合前述修改而延長軍刀掛架部位，使該處能更貼近設定圖稿給人的印象。

前裙甲看起來縱向長度很長，實際上並非如此。之所以會給人這種觀感，原因出在下緣的角度。為了重現這一帶的氣氛，需配合腰部中央區塊加大尺寸，修改下緣的角度，不過這裡絕對不要做成往下延長的形式，在上下兩處的側面黏貼塑膠板來加大尺寸即可。側裙甲在形狀上則是維持原樣，僅按照設定來分色塗裝。

## ■腿部

和腰部一樣是這次拿捏均衡感時最花工夫的地方。大腿頂部設有水平轉動軸構造，但並非鋼彈模型之前慣用的球形股關節構造，而是採用軸棒式可動構造，因此具備非常寬廣的可動範圍，擺設外八站姿時能發揮絕妙的效果。不過為了預留可動範圍所需的空間，大腿外裝零件在表現上會受到限制，影響整條腿部的長度視覺。對於採用此構造並調整均衡性的現今MS來說，這並不成問題，但是對ν鋼彈這類可以從裙甲縫隙窺見大腿的機體來說，會影響到大腿給人的觀感和相對位置，甚至對整體輪廓造成影響，例如「大腿頂端到底該在哪裡才對？」之類非常重要的問題。

## ■臂部

這次的握拳狀和持拿步槍用手掌是先進行3D建模，再拿去輸出列印的零件，這部分也已經在研發改以塑膠材質製作的通用手掌零件商品。

在整體的細部結構方面，我將套件本身的細部結構、零件分割方式視為是基於呈現發動模式這個設定和相關機構的需求，才會追加設計的。這麼一來，在省略了這些機構的本範例中，因為設置細部結構的方向性有所不同，所以在將它們予以填平或保留之餘，亦追加了新的細部結構。

儘管費了一番工夫才完成了這件ν鋼彈，或許還是有些難以傳達這次的製作概念何在，假如各位多少能夠理解的話，那將會是我的榮幸。話雖如此，就算各位只是覺得看起來確實很帥氣，這也會令我覺得喜出望外喔！

**NAOKI**
在機械設計師、造形、造形監製等諸多領域都有著活躍表現的全能創作家。

# 使用鋼彈UC Ver.
# 來施加飛機風格的細部修飾

Re-GZ乃是作為U.C.0087年當代傑作機MSZ-006 Z鋼彈的簡易量產型進行研發而成，機體名稱亦是源自「Z鋼彈重新設計型」的英文首字簡寫。另外，考量到量產化的需求，於是省略必須具備高度複雜機構的穿波機變形機能。改為能夠由具備簡易變形機能的主體和背包武裝系統（BWS）進行合體，以獲得作為航宙戰鬥機的性能。

這件範例使用經由可說是Ver.1.5的翻新，透過PREMIUM BANDAI販售的「MG Re-GZ（鋼彈UC Ver.）」來製作。在保留原本就很出色的造型之餘，亦追加飛機風格的細部結構，藉此完成具備航宙戰鬥機所需寫實感與密度感的Re-GZ。

使用BANDAI SPIRITS
1/100比例 塑膠套件
「MG」Re-GZ（鋼彈UC Ver.）

## RGZ-91 Re-GZ

製作·文／木村直貴

# Z鋼彈的簡易量產機

BANDAI SPIRITS 1/100 scale plastic kit
“Master Grade” Re-GZ [UNICORN Ver.] use

# RGZ-91 Re-GZ

modeled&described by Naoki KIMURA

### 與夏亞·阿茲納布爾交鋒 U.C.0093.0304

雖然隆德·貝爾隊未能阻止月神五號往地球墜落，但阿姆羅·嶺還是豁出性命登上了月神五號，並且與負責護衛月神五號的裘尼·韓斯座機亞克托·德卡爆發攻防戰。察覺到裘尼陷入危機的夏亞·阿茲納布爾也隨即駕駛專用機沙薩比趕往該處，以便帶回裘尼。這是阿姆羅與夏亞在格里普斯戰役後首度碰面，自這瞬間起，這兩人的最後決戰宣告揭開序幕。

RC
EFSF

EFSF
EARTH FEDERATION SPACE FORCE
EFSF
RC
EFSF
EARTH FEDERATION SPACE FORCE

RGZ-91 Re-GZ

# 令量產化得以實現的背包武裝系統

省略進行量產時的障礙，亦即變形為穿波機時所需的複雜變形機構。只要組合屬於選配式裝備的背包武裝系統（BWS），即可進行高速巡航。

▶雖然無法像穿波機一樣在在大氣層內運用，但作為航宙戰鬥機還是可以發揮出色的性能。合體後的模樣也被稱為「太空戰機」，憑藉著機首前端處MEGA光束加農砲和2門光束加農砲所賦予的攻擊力，以及增裝燃料槽帶來的續戰＆巡航力等性能，令它得以在隆德·貝爾隊中擔任先鋒大顯身手。

▶雖然BWS具備在某種範圍內可進行遙控的機能，但BWS這邊並未搭載導向裝置，因此一旦與Re-GZ分離，應該也就無法在戰場上再度合體。在月神五號所爆發的戰鬥中，BWS一與Re-GZ分離便被亞克托·德卡擊毀，等到2號機交貨後，才再度供Re-GZ配備，並且在阿克西斯攻防戰的前哨戰中由凱拉·蘇駕駛出擊。

▼光束步槍要是按照套件原樣會無法整挺收納在護盾內側，於是變將槍口零件稍微修改得短一點。由於UC版把主體的腹部等處延長，導致護盾在BWS形態時會難以牢靠地固定在主體上，因此將連接零件與舊MG版的同部位零件進行二合一拼裝，並且將固定扣的位置往後移6㎜。

▼BWS基本上維持套件原樣，主翼和增裝燃料槽等與舊MG版相同的零件均仔細地修整形狀，各部位也配合主體追加細部結構，光束加農砲側面則是利用塑膠材料追加直條狀的細部結構。

◀駕駛艙蓋為能夠連同藍色裝甲部位向上掀起的兩階段開闔式構造，內部有著阿姆羅·嶺人物模型。

▲在頭部方面，先用瞬間補土填墊護頰內側，再將該處基座一帶削磨得更內斂，護頰前端的散熱口也重雕得更深且具銳利感。至於天線則是將末端削磨得更小一號，使該處能顯得更銳利。

▲在推進背包方面，為噴射口下方的板形部位黏貼條紋塑膠板作為細部修飾，側面噴射口也換成市售改造零件，至於機翼則是加工得更具銳利感。

COLORING DATA

主體淺藍＝
以白色底漆補土（1500號）為底色，
噴塗灰色底漆補土＋藍色或綠色塗料
藍＝人物藍、迪坦斯藍2＋紫色或黑色
紅＝人物紅＋RLM23紅色
黃＝黃橙色＋白色
灰色＝調和gaiacolor有色底漆補土

## ■Ver.1.5！

這次要製作的是Re-GZ。這款套件基本上是20多年前問世的老套件，不過這次是用幾年前以UC版名義經由PREMIUM BANDAI發售的套件。UC版只在《機動戰士鋼彈 UC》裡一閃而逝，套件卻相當用心，從頭到腳幾乎為全新開模的零件。充滿銳利感的造型及精緻內斂的體型，顯得格外不同，連關節都經過改良，能擺出更多元化的動作。都做到這種程度了，真希望能將配色改回《逆夏》版，然後以「MG Re-GZ Ver.1.5」的名義在一般店販售！還請BANDAI公司務必評估一下這個方案！

## ■提高幹勁！

回頭來說Re-GZ吧！Re-GZ只是在ν鋼彈登場前的過渡機體，不但被搭乘沙薩比的夏亞給予低評，後來兩位可憐女性駕駛員也走上末路的，在故事中扮演悲劇性角色。儘管如此，它仍是阿姆羅曾搭乘過的座機之一，依舊令人熱血沸騰！

總之，Re-GZ是Z鋼彈的直系機體，造型上也顯得更內斂帥氣！還有著合體後比Z更具分量的BWS！雖然很遺憾地，設定上其一旦分離就無法在戰場上重新合體，但它的分離變形程序簡潔，如果花點工夫設置像G戰機的駕駛艙，想必也能做到重新合體！若是能讓重出江湖的雪拉小姐搭乘並進行合體就好了（←妄想）。無論何，它肯定也足以擔綱主角大任！好啦，這下子總能拿出幹勁動手做了吧（笑）！

## ■在造型上沒有問題

UC版套件唯一令人在意之處，就屬新設計的腹部了。為了確保彎曲時所需的空間，導致該處留有較大的空隙。若是在地面上戰鬥，只要用火箭砲對著該處打，應該就能直接擊中駕駛艙而造成致命傷吧（笑），因此需盡可能地修改成能緊密貼合的模樣。具體來說就是讓下腹部的連接處獨立，藉由追加可動軸來確保可動範圍，並為前後和上下增添分量。但不從腳邊往上看，其實也

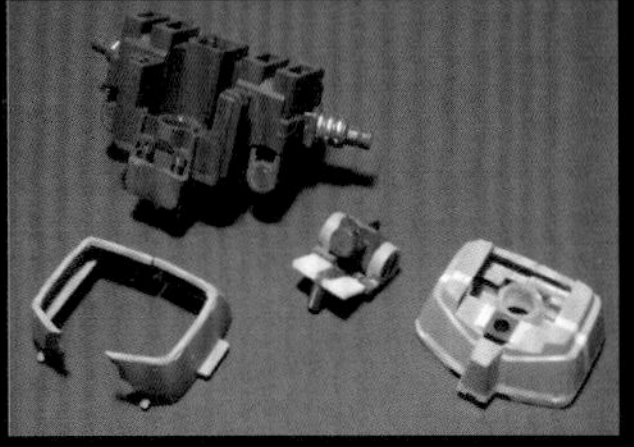

▲追加可動機構的全新開模腰部零件方面，由於很在意為了擺動所需而預留的空隙，因此為腹部新設置單軸可動機構，讓腹部這裡成為「拉伸式彎曲機構」。接著用為下腹部的前後增厚2㎜，以及將底面墊高1.5㎜增添分量，使原有的空隙能小一點。

▲為了讓前裙甲的球形關節不會太醒目，因此用塑膠材料為基座處追加肋梁狀結構。正面散熱口內部則是用條紋塑膠板追加了閘門狀細部結構。

▲削磨胸部散熱口的裝設部位，讓該處能與胸部頂面流暢相連。為了讓駕駛艙蓋不顯得太空曠，為艙蓋表面黏貼了約1㎜的塑膠材料來填補，合葉機構也採取從內側黏貼塑膠板的方式來掩飾，同時提升該處的密度感。

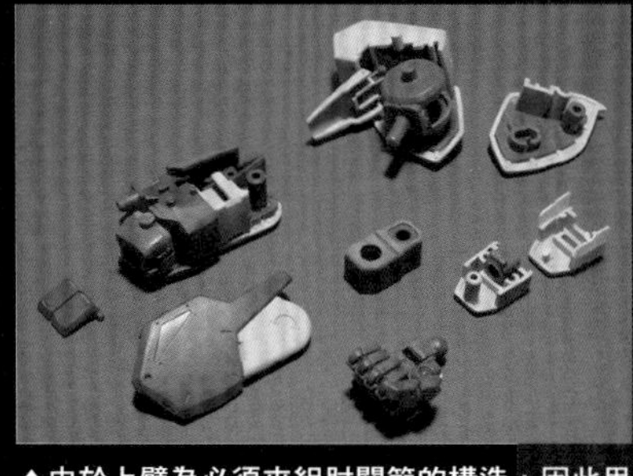

▲由於上臂為必須夾組肘關節的構造，因此用0.3㎜塑膠板製作增裝裝甲風格的細部結構，以便用來掩飾接合線。

▲噴塗底漆補土前的製作照片。由照片可知，這件範例不僅發揮了套件本身的素質，還致力於添加細部修飾。

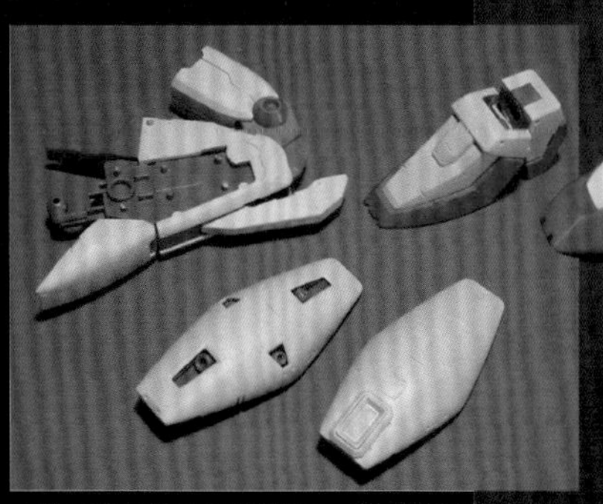

▲除了雕刻細部結構以外，腿部幾乎都維持套件原樣。

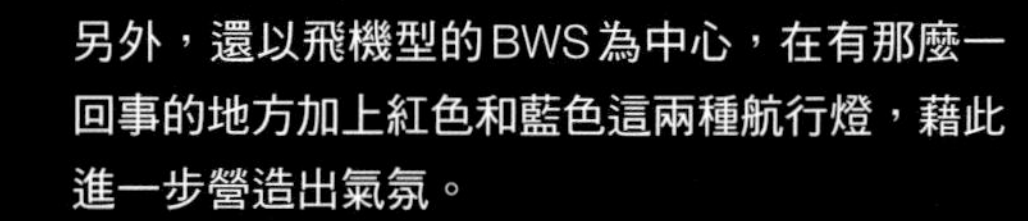

注意不到此空隙，可依個人喜好決定是否調整。再來就是微調各部位形狀。將胸部進氣口削磨成往下傾的形狀，將頭部護頰處的基座削磨得更內斂，並用製成細部結構風格的塑膠板來掩飾上臂處接合線……這方面請參考製作照片與圖說。

## ■Z系很適合飛機風格呢

設定上Re-GZ是宇宙用機體，但其BWS有著大尺寸主翼和流線型外罩組件，會承受空氣阻力的正面面積也設計得很小，應該能在大氣層內飛行。因此思考一番後，決定整合成飛機風格。

用刻線方式在機體各部位追加檢修用整備艙蓋的紋路，亦雕刻一些象徵冷卻和排氣用的溝槽。另外，還以飛機型的BWS為中心，在有那麼一回事的地方加上紅色和藍色這兩種航行燈，藉此進一步營造出氣氛。

再來就是添加向來少不了的「・」和「ー」，以及把一部分稜邊削掉的「個人慣有風格細部結構」，藉此修飾得更具機械感！

## ■若是阿斯特納吉的話……

故事中的角色表現（？）樸素，配色也不太醒目，不過在ν鋼彈登場前好歹是阿姆羅・嶺的座機，因此我認為實際上（←？）應該採用更符合指揮官機風範的鮮明配色……於是擅作主張（爆），強調英雄氣概的同時，提升塗裝的明度與彩度，並參考RG系列等現今高階套件，將各機體色都採雙色調分色塗裝。顏色是經由試誤法一路微調到滿意為止（連用剩的塗料也加進去），因此無法寫出詳細的調配比例。完工修飾方面一如以往，用灰色和黑色的琺瑯漆入墨線，並從手邊剩餘的水貼紙中挑選適宜圖樣來黏貼，最後用調整成半光澤風格的灰色調透明漆＋黑色施加光影，就大功告成了！

**木村直貴**
無論是角色模型或比例套件等式題材都能勝任的全能模型師，為足以代表HJ的王牌作家，更是在和歌山縣的大正琴老師。

# 應用外裝零件既有分割設計與完整骨架製作成可全面開啟整備艙蓋的形式

傑鋼乃是由AE社所研發的地球聯邦軍量產型MS，它在繼承一年戰爭時期知名機種RGM吉姆系列的機型編號之餘，亦從作為後繼機種的尼摩身上融合相關技術並獲得進一步發展，奠定自U.C.0090年代起作為標準機種的地位。在這之後更是有長達30年期間都穩居地球聯邦軍主力量產機的寶座，由此可見傑鋼確實是具備了出色性價比的機種。

這件範例充分發揮MG套件本身的特質，製作成可全面開啟整備艙蓋的形式。也就是在維持原本就十分出色的體型之餘，亦力求為外裝零件設置開闔機構。

BANDAI SPIRITS 1/100比例 塑膠套件
「MG」
## RGM-89 傑鋼
製作·文／けんたろう

# 新時代的標準機種

BANDAI SPIRITS 1/100 scale plastic kit
"Master Grade"
# RGM-89 JEGAN
modeled&described by KENTARO

### 哈薩威的首次上陣 U.C.0093.0312

在「夏亞叛亂」的戰火中，哈薩威・諾亞感受到葵絲的存在，於是搭上留在拉・凱拉姆號裡的傑鋼，企圖前往葵絲所在的戰場。他才剛出擊便遭遇到基拉・德卡，卻也隨即用火神砲擊摧毀對方，為首次上陣立下精彩的戰功。

RGM-89 JEGAN

## 全整備艙蓋開啟

為了日後能夠重現其他衍生機型，MG版傑鋼於胸部外裝零件等處都有著設定中不存在的零件分割線。範例中也就反過來利用這點，向製作成可全面開啟整備艙蓋的形式挑戰。隨著利用軟膠零件、黃銅線、塑膠板為外裝零件設置滑移式的合葉機構，成功地在無損於輪廓的情況下賦予全面開啟整備艙蓋機構。

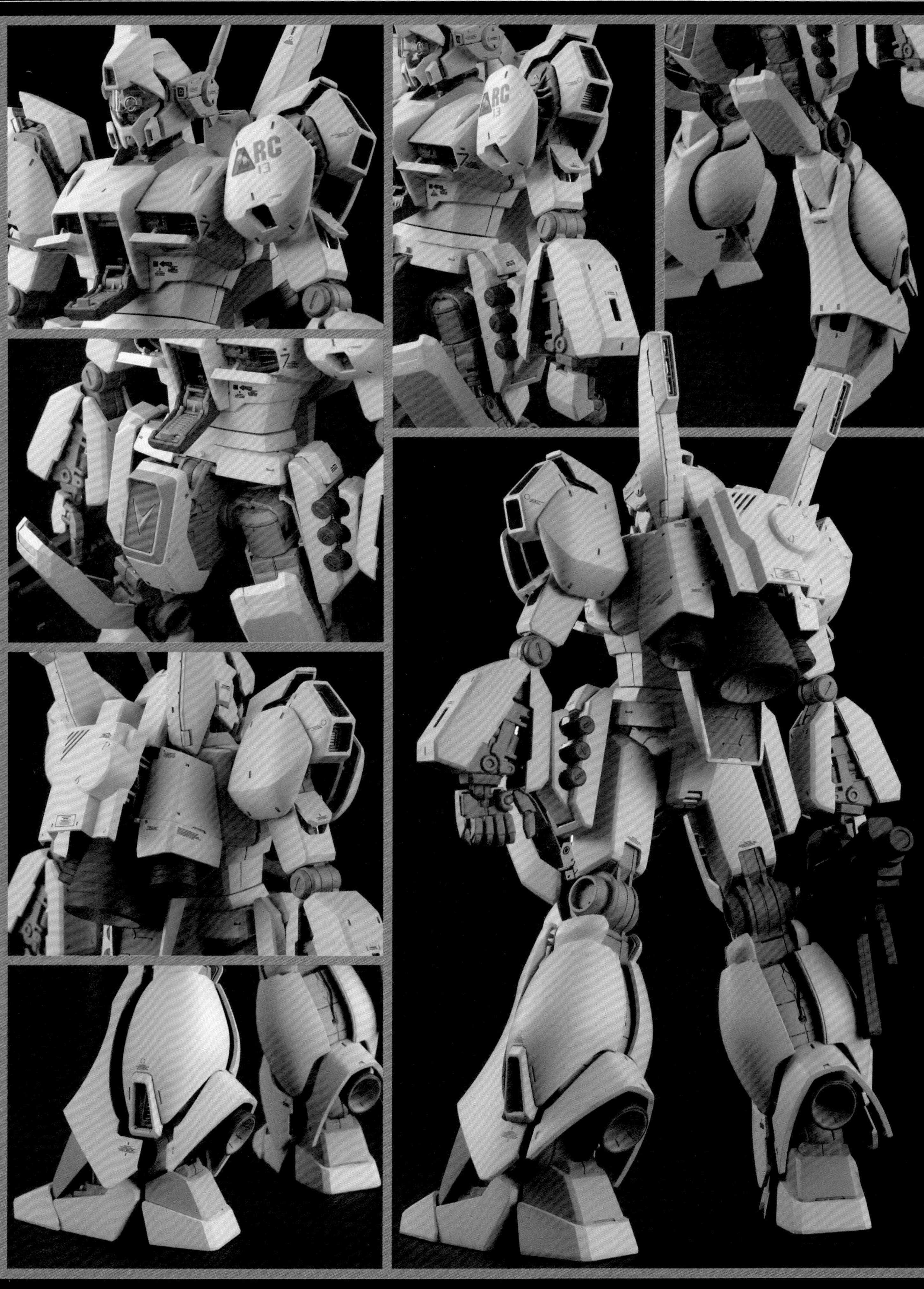
ARC
13

RGM-89 JEGAN

▲攜行武裝相當簡潔，只有光束步槍和護盾，護盾本身則是備有2組2連裝飛彈發射器。

人總是有著幾款遲早非做不可的模型。對我來說，《逆夏》MS正是魂之所在，其中又以製作MG版傑鋼為最重要的大事之一，如今這個時刻到了。不過令人困擾的是，傑鋼明明只是為數眾多的量產機，套件卻做得太好了，不僅體型極為帥氣，細部結構也很講究。最值得一提的，就屬能輕鬆愉快地組裝完成，可以做好幾架來玩個過癮，因此幾乎找不到可下手修改的地方。

思考一番後，我想起2015年傑鋼發售前的事。在秋季模型展的RE/100系列下一波商品陣容評估預告剪影中，傑鋼確實榜上有名。能推出1/100套件確實很令人高興，不過是RE/100系列……確實令我覺得心情複雜。後來2018年3月12日公布極致等級（MG）新作的光造形試作骨架時，我發現那毫無疑問地是屬於傑鋼的。

MG版套件問世，代表能從骨幹了解這架機體，例如D型與A型的細部差異，並從內部來對應發展到F91時代的構造變動。能夠像這樣從骨架上推測日後的機體系譜發展，實在很令人心動和開心。

像這樣回顧過往之際，突然靈光一閃地想到，何不將獲知MG版套件即將發售時的喜悅，設法具體地表現出來呢。就這樣，透過把傑鋼做成能夠將各部位開啟的形式，表現出當時獲知骨架存在的那份喜悅，成為本次的製作方針。

再來要談到開闔機構。這部分主要分為2種，一種是用軸棒穿過軟膠零件的方式，另一種是製作H形零件作為連接之用，以便在軌道上滑移。像腿部和腰部區塊這類可供設置空間較大處，就會採用軟膠零件式構造。為了避免孔洞的位置偏開，導致零件組裝不起來，需先在骨架設置軟膠零件，為軟膠零件塗上白色塗料後，再夾組零件，以便將位置正確地複寫到另一側零件上。軸棒需使用2㎜的，於是選用KPS框架邊緣（卡托西這款套件有很多地方可以拿來利用，推薦從這盒取用）和WAVE製塑膠圓棒。H形連接零件和軌道則使用在臂部、大腿這類難以設置軟膠零件之處。之所以做成軌道式組裝槽，用意在於只要傾斜即可掀開處及需要套進軌道的地方，應該不

TOPICS

### 機體的輕量化與降低生產成本

受大規模戰爭結束使軍備縮減的趨勢影響，傑鋼被要求提高量產效率和降低生產成本。頭部採成本較低的護目鏡式單眼鏡頭，左右裙甲配備手榴彈和光束軍刀，藉由省略裝甲來達成輕量化、降低成本。

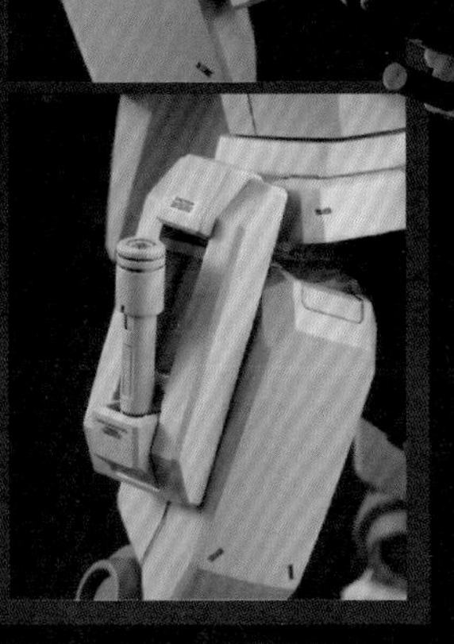

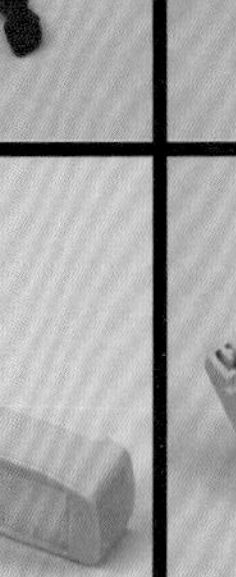

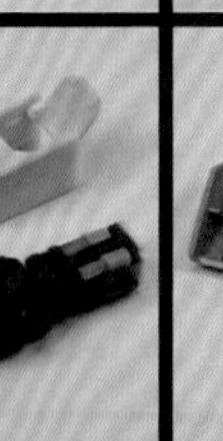

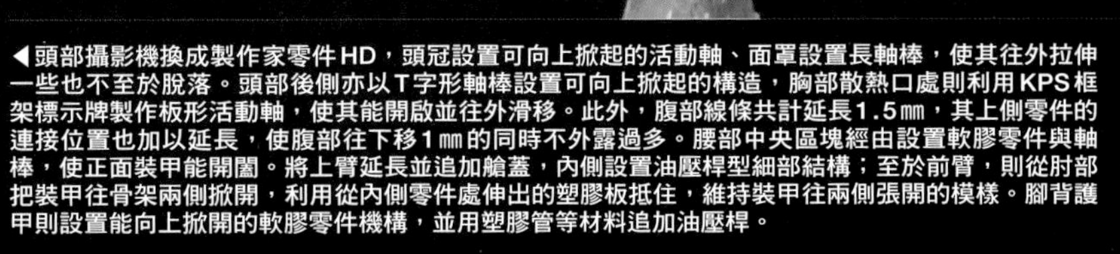

◀頭部攝影機換成製作家零件HD，頭冠設置可向上掀起的活動軸、面罩設置長軸棒，使其往外拉伸一些也不至於脫落。頭部後側亦以T字形軸棒設置可向上掀起的構造，胸部散熱口處則利用KPS框架標示牌製作板形活動軸，使其能開啟並往外滑移。此外，腹部線條共計延長1.5㎜，其上側零件的連接位置也加以延長，使腹部往下移1㎜的同時不外露過多。腰部中央區塊經由設置軟膠零件與軸棒，使正面裝甲能開闔。將上臂延長並追加艙蓋，內側設置油壓桿型細部結構；至於前臂，則從肘部把裝甲往骨架兩側掀開，利用從內側零件處伸出的塑膠板抵住，維持裝甲往兩側張開的模樣。腳背護甲則設置能向上掀開的軟膠零件機構，並用塑膠管等材料追加油壓桿。

# RGM-89JEGAN

用進行嚴謹調整。只要將塑膠板製卡榫改變插裝位置，前臂處開啟機構零件就能呈現展開或闔起狀態。胸部艙蓋也是用KPS板（卡托西的框架標示牌）來製作，藉由移動塑膠板製軸部來騰出可供掀開的範圍。胸部零件顯然是為了對應日後推出衍生機型的需求，才設計成這種形式。只要讓這裡能開啟，該零件的存在意義就可說是發揮到最大極限，修改用意正在於此。

頭部是前述修改手法的集大成所在，將透明零件的卡榫削掉後，其實騰出不少可供設置細部結構的空間。推進背包也一樣，開啟後會露出的空隙要設置細部結構加以掩飾。

塗裝方面，考量到整體面積比1/144大得多，應該用比以往更淺的顏色來塗裝，不過為了日後量產時不用再費心調色，我決定先拿手邊的薄荷色系來多方挑選主色，最後選用裝甲騎兵專用漆的AT-11冰綠色。腳背護甲和襟領處則選用了C74空優深藍，這名字聽起來很有氣勢，但說白了就是偏灰的水藍色，與冰綠色十分相配。骨架色選用MODELKASTEN製C-04綠灰色，這是我以前就常用於塗MS關節部位的顏色，有點像是C31軍艦色加C22暗土色所調出的。將關節色統一，能營造出屬於同一陣營的整體感，相當推薦使用在跨越不同時代的MS上。另外，以不至於變成粉紅色為前提，我將C79亮紅色稍微加入白色，調得較明亮。黃色為C58黃橙色，護盾和武器則使用C333特暗海灰。

等塗裝結束，再入墨線和黏貼水貼紙，然後噴塗Mr.超級柔順型消光透明漆。這方面不妨挑水藍色標籤的改款產品，消光效果沉穩，可讓裝甲顯得格外美觀，相當推薦！

為具體表現出獲知MG版傑鋼即將問世的喜悅，我花不少心思讓裝甲能開啟、以便看到骨架，但似乎只有我會想讓傑鋼能呈現全整備艙蓋開啟的模樣，總之希望大家賞臉稱讚一下……

**けんたろう**
在HOBBY JAPAN月刊中負責連載企劃「月刊工具」、專訪、專欄報導等單元而大顯身手的作家，其實身為模型師的本事也很出色。

CAUTION
CAUTION

# 作為新吉翁象徵的「紅色彗星」最後座機

BANDAI SPIRITS 1/100 scale plastic ki
"Master Grade" SAZABI Ver.Ka use

# MSN-04 SAZABI

modeled&described by TADANO☆KE

## 沙薩比出擊 U.C.0093.0304

在阿姆羅・嶺等隆德・貝爾隊的奮戰下，袞尼・韓斯駕駛著亞克托・德卡在月神五號攻防戰中陷入互有拉距的膠著狀態，導致無從返回雷烏路拉號。由於儘管發出撤退信號，但在散佈米諾夫斯基粒子的狀態下，根本無法傳達到袞尼所在的宙域，因此夏亞總帥親自駕駛沙薩比出擊前往帶回袞尼。即便身為總帥，夏亞・阿茲納布爾也仍是新吉翁軍中的王牌駕駛員，如今為了與阿姆羅做出了結，他駕駛著新吉翁最強的MS前往戰場。

## 以Ver.Ka為基礎透過二合一拼裝製作出更為雄壯威武的沙薩比

沙薩比乃是作為新生新吉翁總帥夏亞・阿茲納布爾座機的新人類專用MS。在繼承公國軍的設計思想之餘，亦是內藏「腦波傳導框體」的最新銳特製機，更以配備感應砲、擴散MEGA粒子砲等武裝所造就的壓到性攻擊力為傲，可說是集吉翁系技術之大成的最強MS。

這件範例乃是運用極致等級（以下簡稱為MG）和Ver.Ka進行二合一拼裝製作而成。在充分運用作為基礎的Ver.Ka之餘，亦往更貼近具備粗獷外形的MG這個方向去製作。為了重現機械設計師出淵裕老師筆下設定圖稿中充滿了十足厚重感的重MS風格，於是對各部位都施加大幅度修改，才造就本範例。

使用 BANDAI SPIRITS
1/100比例 塑膠套件
「MG」沙薩比Ver.Ka

**MSN-04 沙薩比**

製作・文／只野☆慶

FUNNEL SYSTEM

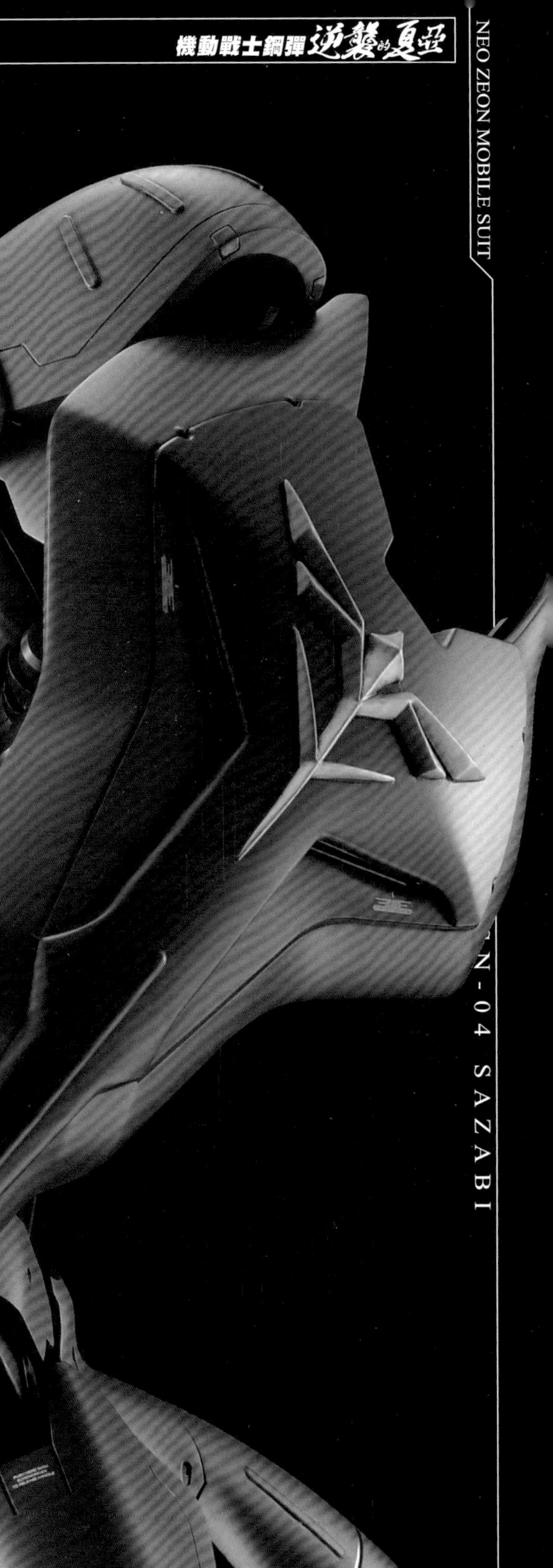

N-04 SAZABI

# 一切都是超凡規格，集公國系MS研發技術之大成的傑作機

在此要連同範例一併確認沙薩比有著哪些特徵。

## 駕駛艙

▲駕駛艙在沿襲吉翁系的研發方向之餘，亦比照里克·迪亞斯和迪傑採用頭部收納型的設計。

## U.C.0093年代MS 最為龐大的身軀

▲頭頂高為25.0m，有著該時代MS中最為龐大的身軀，與照片中的基拉·德卡在身高差距上有5m之多。由於ν鋼彈也僅22m而已，因此在登場機體中是除了MA以外最為龐大的。

## 各種武裝

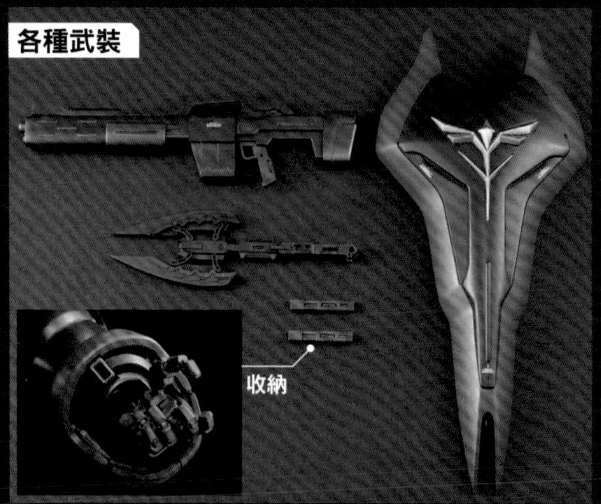


▲攜行武裝為光束散彈步槍、光束戰斧、光束軍刀，以及護盾，光束軍刀在縮短柄部的狀態下可收納於前臂裡。

## 擴散MEGA粒子砲

▲腹部配備有擴散MEGA粒子砲，具有一砲即可擊毀數架傑鋼這種程度的威力。

## 感應砲

◀▲與亞克托·德卡同型的感應砲在左右武器櫃各有3具，合計搭載共6具。從武器櫃發射出去後，感應砲就會伸長砲管與展開推進器外罩。

FRONT VIEW

SIDE VIEW

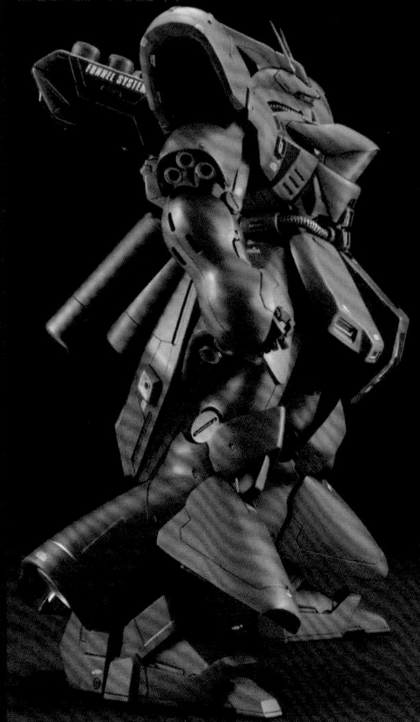

REAR VIEW

▲以透明零件呈現的駕駛艙區塊、軍服造型與標準服造型的夏亞·阿茲納布爾這些Ver.Ka配件均有塗裝上色。

◀護盾主體是拿Ver.Ka的骨架、MG版的外裝零件進行拼裝而成。徽章部位則是先疊合黏貼用塑膠板裁切出的零件，再雕刻成浮雕狀的模樣。

◀▲在準備了Ver.Ka中附屬的長管步槍，在塗裝上減少套件配色指示中的顏色數量，詮釋成較為簡潔的模樣。

▲為了將股關節軸的兩側各增寬5㎜，因此先將球形關節部位分割開來，再用塑膠管等材料連接起來，並且用2㎜螺栓打樁以確保強度。

▲製作途中的全身照。白色與灰色處主要以塑膠材料改造，黃色部位以光造形補土改造。以Ver.Ka為基礎，配合整體均衡感進行了調整。

## ■逆襲的夏亞

阿姆羅與夏亞對峙，在阿克西斯地表上展開MS之間的肉搏戰。在那場魂魄彼此爆發激昂衝突的對決後，引發被稱為「阿克西斯震撼」的人類奇蹟。他們是否也因此回歸靈魂的泉源呢？

雖然《逆襲的夏亞》是為動畫史帶來莫大影響的作品，不過論到能具體呈現列於作品名稱中的夏亞有著何等分量，正是作為本範例主題的MSN-04沙薩比這架機體。

電影《逆襲的夏亞》中登場的沙薩比，具有厚重感十足且流暢華麗的線條。經審慎評估後，決定動用2款MG版套件製作。在此先說結論，這次是以MG版Ver.Ka為基礎，大幅度修改各個部位。整體來說，旨在以流暢華麗的立體曲面交織，呈現出具有量感的造型。護盾只有外裝零件使用MG版，徽章則是全新自製零件。

## ■好啦，麻煩事來囉！

寫起來好像很誇張，不過時至今日回頭審視出淵裕老師的設計後，可以感受到與基拉・德卡、亞克托・德卡、α・阿基爾有著共通的流麗線條，姑且跳過有些不知所謂的形容，總之我最喜歡的，終究還是在阿克西斯表面上演一場MS之間該如何彼此互毆的「那架」沙薩比。

Ver.Ka是款整體均衡性拿捏得相當精湛的套件，想將之修改成符合個人喜好的線條極為困難。需先用「真空吸塑成形」這個老派技法複製肩甲的基本形狀，再套於外裝零件上逐步整合。考量小腿外裝零件是決定整體造型流暢與否的關鍵，我保留了組裝用部位進行修改。外裝零件是以塑膠板組成的箱形構造，為了塑造出曲面，我大量使用了光造形補土。胸部、前臂、前裙甲等處的外裝零件，都先針對有必要處進行黏合，確保能與骨架分離，以豪邁地修改外形。刻線數量

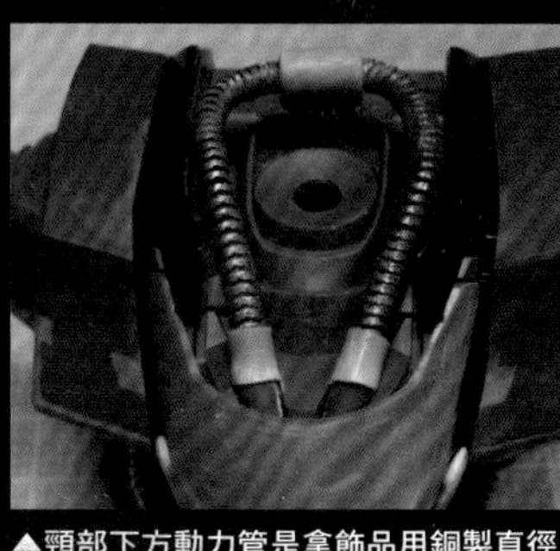
▲頸部下方動力管是拿飾品用銅製直徑3㎜的產品來呈現，這部分是用噴火器燒掉電鍍層→噴塗金屬底漆→塗裝骨架色→用銀色施加乾刷而成。

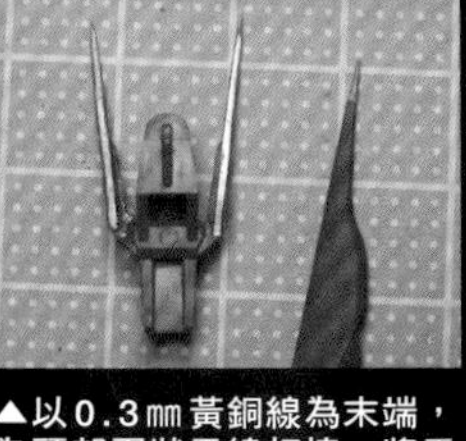
▲以0.3㎜黃銅線為末端，為頭部刃狀天線打樁。將天線磨利後，黏貼經敲扁而延展的黃銅線來補強內側。

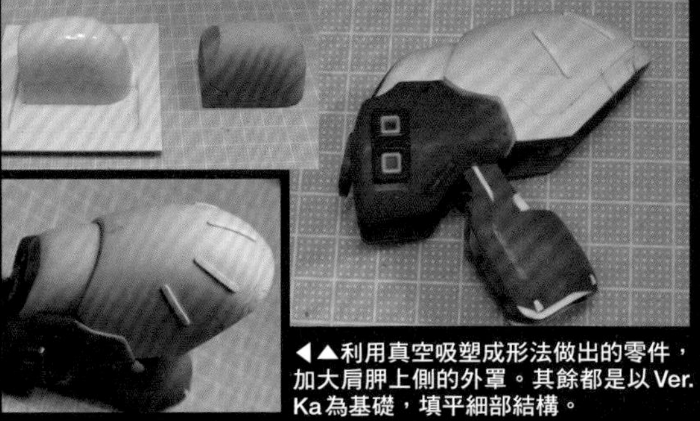
◀▲利用真空吸塑成形法做出的零件，加大肩胛上側的外罩。其餘都是以Ver.Ka為基礎，填平細部結構。

▲腰部動力管是拿飾品用不鏽鋼製直徑4㎜的產品來呈現，同樣先用噴火器燒掉電鍍層，接著為營造出霧面的金屬質感，因此用噴塗金屬底漆→噴塗半光澤透明橙黃的方式來呈現。

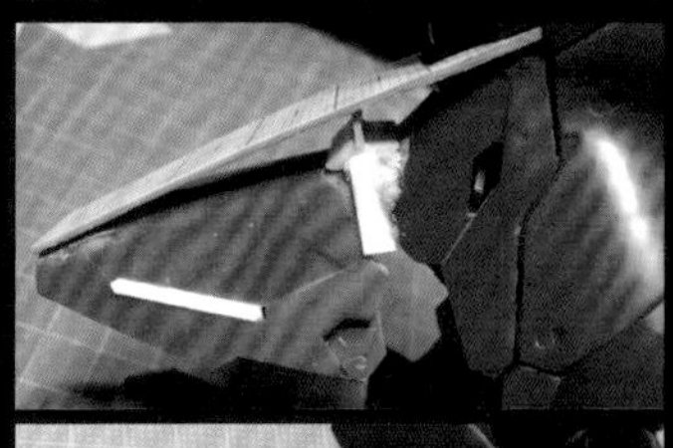

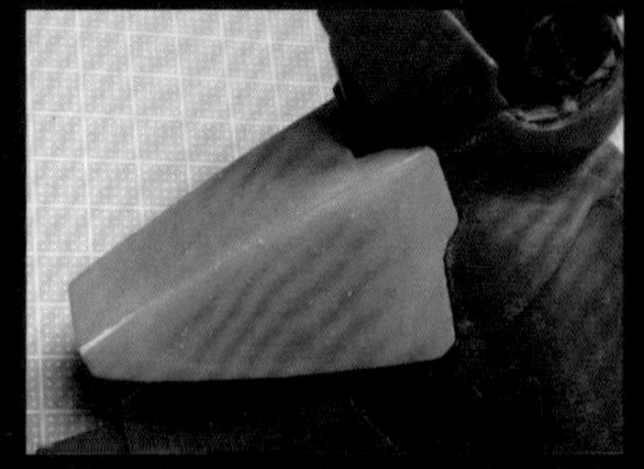
▲將小腿外罩零件從中分割，強行彎折固定成く字形，然後用塑膠板包覆住以修改形狀，表面經由堆疊光造形補土來凸顯隆起狀的造型。

則減少到最低限度，這樣更易於營造出量感。為了讓上重下輕這種輪廓的重心能移至下半身，因此將股關節增寬共計10㎜。

護盾方面，我設法將MG版外裝零件組裝到Ver.Ka骨架上；徽章則是先疊合黏貼用塑膠板裁切出的零件，再雕刻成浮雕狀，修改得更加簡潔且具有銳利感。

為呈現腹部和頸部下方的動力管，我網購了飾品類的4㎜和3㎜蛇鏈。先用噴火器燒掉表面電鍍層，再用精密螺絲固定基座，接著從縫隙間點入瞬間膠固定彎曲處，最後將表面打磨一番。

### ■上色

全新自製部位和修改處都先噴塗Mr.打底劑補土1000號，再來的幾乎所有零件也都噴塗灰色底漆補土，外裝零件則是還用白色添加陰影效果，這麼一來塗裝基本色的準備就完成了。

機體的「紅」簡潔地用2種紅色來呈現，主體紅是為UG12・MS沙薩比紅添加UG11・夏亞紅調出的，較明亮的紅色則是為UG12・MS沙薩比紅加入UG10・夏亞粉紅調色而成。

水貼紙是拿MG版附屬、鋼彈水貼紙23及MODELKASTEN製比例模型用產品搭配而成，僅使用最低限度的量，使整體顯得簡潔。

### ■總結

這次做法完全背離現今鋼彈模型界的趨勢，甚至刻意減少了視覺資訊量。如同前述，此範例著重於表現出動畫中的外形和量感，這也是我個人的期望。今後若是有MG版Ver.2.0的話，會往什麼方向企劃呢？希望本範例能為您帶來啟發。

**只野☆慶**
以經手各式造形、設計、製作模型為生，擅長多元化的造形＆塗裝表現，在舊化方面也很拿手。

# 作為新吉翁主力MS的<br>薩克Ⅱ正統後繼機種

BANDAI SPIRITS 1/100 scale plastic kit
"Master Grade"

# AMS-119 GEARA DOGA

modeled&described by Kei SHIMIZU

## 月神五號攻防戰 U.C.0093.0304

在U.C.0093年2月27日時，儘管是透過民間專訪的形式，但新吉翁進行實質上的宣戰。從作為據點的太空殖民地「甘泉」出擊後，該陣營襲擊並佔據原本在地球聯邦軍管轄下的小行星「月神五號」。接著更啟動月神五號的核脈衝引擎，讓它朝著地球墜落。雖然布萊特・諾亞率領的隆德・貝爾隊傾力阻止，但終究未能成功，月神五號就這樣墜落到地球聯邦政府首都所在的拉薩。雖然地球聯邦政府已先一步遷都，令政府組織免於遭到毀滅，但月神五號墜落至拉薩仍在當地造成了無數的人命犧牲與莫大損害。

BANDAI SPIRITS
1/100比例 塑膠套件
「MG」

# AMS-119 基拉·德卡

製作·文／清水圭

## 以擬真型薩克Ⅱ為藍本 將基拉·德卡詮釋成深具粗獷氣息的面貌

由夏亞・阿茲納布爾率領的第2期新吉翁軍乃是以基拉・德卡作為主力MS。經由重新審視在U.C.0080年代末期發展到充斥變形、巨型機體等臃腫化走向的研發體系，以回歸人型兵器的原點為目標，在繼承薩克Ⅱ設計概念的原則下，造就這架深具吉翁風格的名機。以AE社格拉納達工廠為據點共生產約100架，其中有82架在「夏亞叛亂」中進行實戰部署。

這件範例乃是以被譽為傑作套件的MG版為基礎，並且仿效令人懷念的「擬真型薩克Ⅱ」風格來詮釋。經由採取省略細部結構、凸顯曲面造型的製作方式，使基拉・德卡本身由曲面構成的壯碩造型能更為醒目出色。

06
06
06

AMS-119 GEARA DOGA

TOPICS

## 折疊式&可配備武器的護盾

基拉・德卡的左前臂處設有選配式裝備掛架，該處可掛載由兩面裝甲板連接而成的折疊式護盾。這種護盾可因應情況所需，從連接部位往內側或外側彎折，還能掛載鐵拳火箭彈和榴彈發射器。

▲中央連結部位可彎折，在動畫中往內側彎折時是作為護盾使用，要發射掛載於護盾內側的鐵拳火箭彈或榴彈發射器時，護盾則是會呈現往外側彎折的模樣。

▲護盾內側掛載4枚鐵拳火箭彈和2具榴彈發射器，除此之外，還備有光束機關槍和光束劍斧等豐富的選配式武裝。

▲雖然駕駛艙一帶未經改造，上下艙蓋卻也能開闔，從照片中可能無從辨識，不過駕駛座席、駕駛員均是製作成獨立的零件。

這次要製作屬於新吉翁軍量產型MS的1/100「基拉・德卡」。說到該怎麼做，我希望能根據出淵裕老師筆下動畫設定圖稿中感受到的壯碩線條，以及基拉・德卡本身為薩克Ⅱ直系機種的設定加以發揮，詮釋出在動畫中登場的視覺形象，就某方面來說即是製作成模型領域的老派線條MS。作為往該方向詮釋的絕佳藍本，這次選上1/100「擬真型 薩克Ⅱ」當成參考。當年一看到大河原（邦男）老師筆下插圖中的配色，設置在全身上下的各式標誌，就在我心中留下「這是那個時代最帥氣的薩克Ⅱ」這個印象，因此這次便以「擬真型 基拉・德卡」為主題進行製作囉。

## ■製作

基本製作方向是省略套件原有的細部結構，以及調整外裝零件的體型線條。為營造出屬於動畫模型風格的形象，於是以出淵裕老師筆下原有設定圖稿作為基本方針，將套件本身的細部結構給填平。全身各處的細溝槽狀細部結構、刻線基本上都會省略掉。另外，在形狀上增添視覺資訊量的部分也一樣，例如為將帶刺肩甲的尖刺詮釋成如同獨立零件，於是在基座上添加細部結構線條之類的，這類部位會用保麗補土來填平、修整形狀。在此同時，和這方面相仿，亦會以設定圖稿為參考來修整體型線條。套件中將嘴部兩側沿著動力管外罩的線條製作成獨立零件，不過範例中也將該處修整成連為一體的線條。另外，小腿裝甲從膝蓋到噴射口外罩部位也修整成更具有機風格的流暢相連線條。不僅如此，更將整體的稜邊削磨修整得圓鈍些。附帶一提，和設定方面沒有關係，有些地方只是純粹想要向擬真型 薩克Ⅱ致敬，例如頭部指揮官用天線就是刻意將形狀削磨修整成和薩克Ⅱ的一樣。

在全身的外裝零件方面，雖然打算像這樣將整體修改成較簡潔的線條，不過考量到與簡潔線條之間還是得要有互為對比的立體感，因此關節部位的細部結構維持了套件原樣。

雖然動力管基本上是使用套件中附屬的軟質管狀零件，但只有腰部動力管為了仿效薩克Ⅱ的形象而換成壽屋製M.S.G機動管。另外，由於希望讓手掌能呈現更具力量感的塊狀造型，因此換成形象上較相近的STILE-S製「機器人機械手圓指4L」。

◀在頭部方面，把從嘴部散熱口到動力管之間的線條用補土修整成能流暢相連。另外，為了向擬真型 薩克Ⅱ致敬，因此刻意將頭部刃狀天線的形狀削磨修整成和它一樣。

◀將帶刺肩甲的刻線等處給填平，並且用保麗補土修整成更為流暢相連的輪廓，藉此讓這裡看起來像是一體成形的裝甲零件。

▲製作中的零件。以保麗補土填平細部結構、磨鈍稜邊，將輪廓削磨得更流暢。

▼這是噴塗底漆補土後的塗裝前全身照。雖然只有單一的灰色，卻更能感受到稜邊和細部結構方面的變化。

◀試著配備了コジマ大隊長所製作的1/100朗格・布魯諾砲。雖然在色調和風格上多少有些不同，但還是頗相配的。



## ■塗裝

底漆選擇噴塗gaianotes製機械部位用深色底漆補土，關節等機械部分直接以此作為基本色。

接著就是噴塗基本色，基本色使用到的塗料如下列所示，配色和分色塗裝模式是以1/100「擬真型 薩克Ⅱ」的包裝盒畫稿為參考。

**綠＝Mr.COLOR RLM82淺綠**
**棕＝Mr.COLOR軍綠色（1）**
**黑＝gaiacolor中間灰V**

完成上述的基本色塗裝後，再來是黏貼水貼紙，水貼紙基本上是使用1/100「擬真型 薩克Ⅱ」附屬的。不過該附屬水貼紙的細小警告標誌在解析度上較低，因此這方面改為使用EIGHT TRADITIONAL MARKING DECAL ＃1。

水貼紙黏貼完後，拿漆筆運用下面所述的塗料為全身添加褪色表現。儘管是詮釋成漆膜受損的表現，但這同時也是大河原老師筆下畫稿風格的表現。這部分是拿漆筆用如同乾刷的方式為全身隨機地添加受損痕跡。不僅如此，還用下述的塗料添加掉漆痕跡，這方面是將海綿研磨片裁切成小塊狀，並且以稜邊為中心進行拍塗而成。根據比例上的考量，掉漆痕跡要做得相當細膩才行。

**褪色用塗料＝Mr.COLOR駕駛艙色（中島系）**
**掉漆痕跡用塗料＝TAMIYA灰色琺瑯漆**

為了固定住用來添加掉漆痕跡的琺瑯漆，因此姑且為全身噴塗TOPCOAT（透明漆）。噴塗透明漆層後，接著是用下述塗料施加水洗（漬洗），再用棉花棒來擦拭。此時不必對關節部位、機械部位進行擦拭，讓這些部位維持整片塗佈過的狀態就好。

**水洗用塗料＝TAMIYA入墨線塗料深棕色**

水洗完畢後，經由噴塗消光TOPCOAT將整體處理成消光質感，並且用下述塗料以動力管基座、關節可動部位為中心稍微施加舊化，這麼一來就大功告成了。

**舊化用塗料＝gaia琺瑯漆黃鏽、油漬色**

這樣應該就大致將擬真型薩克Ⅱ圖稿中的形象成功地套在基拉・德卡上了，各位覺得如何呢？

**清水圭**
擅長將情景模型和機械等題材，做得既細膩又無從挑剔。在HAL-VAL股份有限公司中擔任商品企劃兼監製的職務。

# 新吉翁頂尖的
# 王牌駕駛員專用機

BANDAI SPIRITS 1/100 scale plastic kit
"Master Grade"

# AMS-119 GEARA DOGA
## [REZIN SCHNYDER USE]

modeled&described by KOJIMA DAITAICHO

## 為下半身增添分量
## 製作出更具厚重感的
## 基拉・德卡

負責率領新吉翁MS部隊的蕾森・史奈德少尉是以指揮官用基拉・德卡為座機。在總生產數僅約100架的機體中，為了強化通信系統而增設刃狀天線，還有一部分機能經過強化的指揮官用機只有約10架進行實戰部署，其中施加藍色系個人識別配色的王牌駕駛員專用機正是此機體。作為這件範例的附加要素，搭載備有朗格・布魯諾砲的重裝推進背包，基於整體均衡性的考量，範例中也以增添下半身的分量為主進行修改。藉此完成不會輸給重裝推進背包，有著十足厚重感的基拉・德卡。

BANDAI SPIRITS
1/100比例 塑膠套件
「MG」

**AMS-119 基拉・德卡**
**(蕾森・史奈德座機)**
製作・文／コジマ大隊長

TOPICS
### 包含換裝推進背包在內的基拉・德卡用選配式兵裝群

基拉・德卡沿襲吉翁公國軍名機薩克Ⅱ的通用MS形式，備有各式各樣的兵裝。這方面包含各種光束機關槍、光束劍斧、鐵拳火箭彈，以及榴但發射器等種類豐富的武裝。其中也有著經由換裝推進背包令機動力和攻擊力都獲得大幅強化，屬於大型實體彈式兵裝的朗格・布魯諾砲，這套裝備還搭載極長的平衡推進翼、大型增裝燃料槽，以及強化推進器，因此這款重裝推進背包對於提升基拉・德卡的性能來說有著頗大貢獻。

AMS-119 GEARA DOGA[REZIN SCHNYDER USE]

▲這是製作途中的主體照。由於尚未噴塗底漆補土，因此能明顯分辨出使用補土和塑膠板施加修改的部位。

▲在腿部方面，將小腿裝甲用塑膠板增寬，腿裝甲也另用塑膠板做出模板，再以此為準用AB補土增添分量。外側推進器罩則是先分割開來，接著製作成艙蓋的模樣，然後固定成開啟狀態。

蕾森在本作品中裡屬於憤世嫉俗型的王牌駕駛員，有著鮮明個性，這次我要負責製作的正是他的愛機。不僅如此，作為選配式裝備，還一併用自製模型手法追加在動畫中其實並沒有使用過的朗格・布魯諾砲這套武裝。

基拉・德卡本就是下半身顯得較苗條的體型，配備護盾等裝備後，會給人上半身分量過重的印象，因此我採取著重於增添下半身分量的修改方式。將腿部整體延長8㎜、增寬4～5㎜以加大尺寸，呈現出末端較臃腫的厚重體型。

**頭部**：為頭盔側面進氣口部位追加溝槽，接著還藉由新增刻線使該處看起來像是獨立的零件，後側下緣也追加了細部結構。

**襟領**：用塑膠材料墊高，如此一來就能給人頭部稍微陷進身體裡的印象。

**胸部**：修改肩頭面構成，配合前述更動一併修改胸部裝甲形狀，這兩處也追加了細部結構。

**前裙甲**：由於原有的簡潔造型會使身體顯得較長，因此藉由設置增裝裝甲來變更造型。

**股關節**：將股關節軸分割開來，藉由夾組塑膠板的方式將位置往下移2㎜。

腰部中央裝甲：利用市售改造零件追加感測器。

**側裙甲**：參考傑鋼追加手榴彈與掛架。這部分是拿MG版薩克Ⅱ的飛彈莢艙改造而成。

**大腿**：從與骨架相接處用塑膠板為左右兩側都增添1㎜的墊片，藉此予以增寬。不過刻意不把縫隙填滿，而是詮釋成有如裝甲接縫的造型。

**小腿**：用墊片將這裡增寬，不過接合面則是用塑膠板、AB補土重新修整成能流暢相連的模樣。基於外側推進器應為強化版的設想，於是製作成

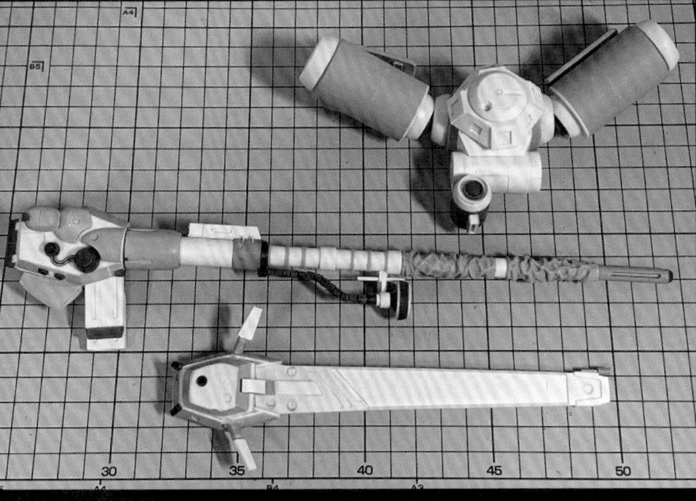

▲製作中的重裝推進背包，以塑膠管和塑膠板等材料自製而成，盡可能做成中空狀，使整體更輕盈。

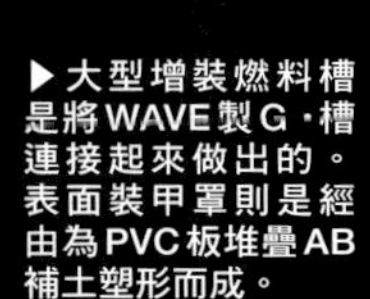

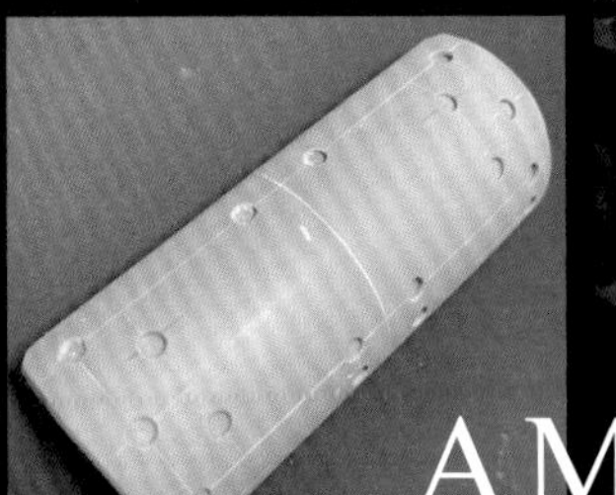

▶大型增裝燃料槽是將WAVE製G・槽連接起來做出的。表面裝甲罩則是經由為PVC板堆疊AB補土塑形而成。

◀▲為左右肩頭外裝零件削出缺口，藉由高低落差來增添立體感。

▲用市售改造零件和AB補土為腰部中央裝甲追加細部結構。

◀仿效傑鋼的設計，沿用MG版薩克Ⅱ的飛彈莢艙為左側裙甲追加手榴彈掛架，並且裝設用各種細部修飾零件做出的手榴彈。

▲將動力管都換成HIQ PARTS製網紋管（芥末色）。

# AMS-119 GEARA DOGA
## [REZIN SCHNYDER USE]

艙蓋開啟狀態。該處內部亦利用剩餘零件和蝕刻片零件，追加能隱約窺見的細部結構。

**腳掌**：將球形關節的基座延長了5㎜，並且用剩餘零件來填補腳背護甲上較空曠的地方。

朗格・布魯諾砲是用塑膠管和塑膠板自製的，增裝燃料槽是用G・槽製作的。各部位都是用球形關節來連接以確保可動性，不過在製作時亦將盡可能做得輕盈些放在心上，因此選擇內部為中空狀的材料頗為重要。

在塗裝方面，拿噴筆用硝基漆將基本色噴塗成雙色調的光影塗裝，接著用TAMIYA琺瑯漆的淺藍和明灰白色沿著稜邊方向和零件分界線施加光影塗裝，藉此營出類似多層次色階變化風格的效果。以這種塗裝方式來說，因為要是拿琺瑯漆來入墨線會無從擦拭，所以改為用壓克力水性漆入墨線，並且拿魔術靈來擦拭，這樣一來既用不著擔心零件會劣化破裂，又能擦拭得很潔淨，顯然是很適合用在免上膠卡榫式套件上的搭配方式。

■配色表

**淺藍＝gaiacolor VO-02冰鈷藍**
**深藍＝gaiacolor VO-08馬茲深藍**
**紅＝gaiacolor NC-003火焰紅**
**骨架灰＝gaiacolor機械部位用淺色底漆補土**
**槽類部位淺綠＝Mr.COLOR俄羅斯綠（1）**
**槽類部位深綠＝Mr.COLOR深綠色（中島系）**
**白＝gaiacolor中間灰Ⅰ**

**コジマ大隊長**
精通半自製、細部修飾、舊化塗裝等各式模型製作手法的資深模型師。

## 透過融入設定圖稿的形象進行徹底修改

亞克托・德卡是以基拉・德卡為基礎，作為新人類專用機所研發出的機體。雖然隨著採用腦波傳導框體這種新素材，使得包含感應砲在內都發揮出色的機體從動性，卻未能達成理想中的目標性能，最後僅試作2架就宣告結案，不過繼承相關成果的沙薩比倒是如願達標。2架試作機後來分別交由新人類研究所出身的裘尼・韓斯，以及覺醒新人類能力的葵絲・帕拉亞（艾亞）駕駛。

範例中分別製作裘尼座機和葵絲座機，裘尼座機是由鋭之介初代日野擔綱，葵絲座機則是由マイスター關田負責製作，他們均是以取得的設定圖稿為藍本，卻透過追求相異的表現手法來詮釋，還請各位連著欣賞這2件範例。

BANDAI SPIRITS 1/100比例 塑膠套件
「REBORN-ONE HUNDRED」
# MSN-03 亞克托・德卡
## （裘尼・韓斯座機）
製作・文／鋭之介初代日野

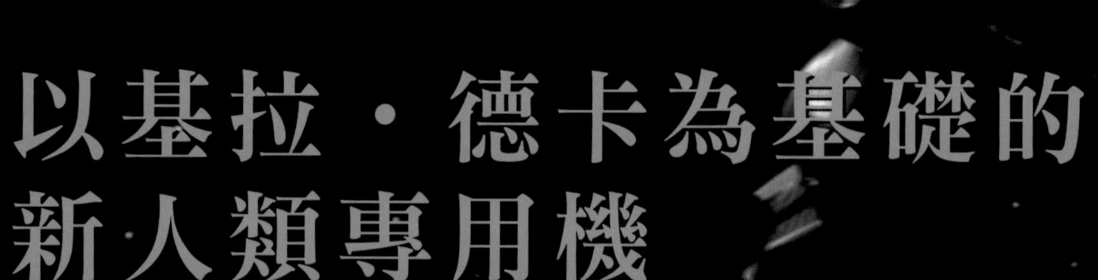


BANDAI SPIRITS 1/100 scale plastic kit
"REBORN-ONE HUNDRED"
# MSN-03 GYUNEI GUSS'S JAGD DOGA
modeled&described by Einosuke shodai HINO

### 襲擊月神二號 U.C.0093.0312

在月神二號假扮成解除武裝並投降的模樣，騙地球聯邦軍艦隊上當後，新吉翁軍艦隊便一舉突襲月神二號。驚慌不已的地球聯邦軍儘管立刻派MS部隊出擊，卻無從和裘尼的亞克托・德卡相抗衡，慘遭陸續擊墜。在後方負責指揮的格拉普級巡洋艦則是被葵絲座機用MEGA格林機砲擊沉，而且葵絲的父親也因此一同喪命。

Gyunei Guss

MSN-03 GYUNEI GUSS'S JAGD DOGA

# 著重於通用性的兵裝＋腦波傳導兵器

亞克托・德卡著重於新吉翁的基本設計概念，亦即MS本身的通用性，兵裝方面也是依循這個原則配備的。

### 感應砲

◀▲感應砲在雙肩的裝甲上各設有3具，共計有6具。隨著加大能量CAP的容量，實現與BIT同等的攻擊威力，一砲即可癱瘓敵方的MS。由於採用了腦波傳導框體，因此在從動性和靈敏性方面也都獲得大幅提升。

▼雙肩的裝甲內側各配備3具飛彈發射器，在動畫中也出現過用該武裝擊墜傑鋼的場面。

### 飛彈發射器

### 武裝

▲基本兵裝為設有槍榴彈發射器的光束突擊步槍，以及備有4門MEGA粒子砲的護盾。除此之外，尚有收納於側裙甲內的光束軍刀。

▶與葵絲座機（照片左方，製作／マイスター關田）的合照，雖然除了頭部天線以外，基本上為同型機，但攜行武裝有所不同。

▲▶只要為推進背包裝上連接可動展示架用的連接零件，即可裝設在另外販售的可動展示架上陳列展示，感應砲也能利用套件附屬的軟質透明棒來擺設成各種角度展示。

MSN-03 GYUNEI GUSS'S JAGD DOGA

◀▲頭部方面，將頭部後側下緣延長以變更輪廓。將頭部一帶動力管換成市售改造零件，並且變更成從頭部延伸出來到收納進胸部裡的形式。胸部區塊則是先填墊內側後，再大幅削磨調整形狀。

▲為了讓側裙甲外擴的幅度能內斂點，因此將連接基座縮短，並且將組裝位置往下移。經此修改後會被干涉到的股關節則是將左右軸棒各截短約3㎜，

▲後裙甲是用塑膠板大幅度延長後加以固定住。

▲側裙甲、後裙甲的組裝位置都有更動。另外，由於會卡住頭部後側下緣，因此推進背包的位置也稍微下移。

▶大幅度縮減腳掌的尺寸，由於還沿用MG版沙薩比的關節，因此還將內部也大幅度挖空。

我很久以前曾為舊MG版沙薩比大幅修改體型，覺得「接下來就是亞克托了！」，並為此期待不已，但始終未傳出要研發MG版套件的消息，因此事與願違地過了多年歲月。後來在意想不到的情況下推出了RE/100版套件，不過總是欠缺製作契機，擱置了好長一段時間。如今總算獲得機會，能與這款與我有著匪淺淵源的套件一決勝負了！這就是本範例的由來。

受到雙肩處裝甲的影響，亞克托・德卡原本就是一架橫向輪廓頗為凸出的機體，給人奇妙的感覺，這也導致想在體型上取得均衡得花些工夫才行。不過它在設定上是由基拉・德卡修改而來，所以兩者在手腳構造上有些相似之處，相較於沙薩比應該會簡潔許多……呃，可是臂部等處的形狀還是有些奇妙（笑）。總之這次用的套件，包含先前提過的肩部、全新設計的獨立式前裙甲，及經過獨特詮釋的腳尖等處在內，都充分展現出屬於RE/100系列別具特色的個性。

接下來將依序說明各部位的製作。首先，肩部會因動畫中想營造的氣氛而有所不同。就設定來說，其形狀有點像傑爾古格，掛載護盾的末端在傾斜角度上應該和護盾相同，這點和套件設計剛好相反。除了修改這裡，我也將寬度修改得窄一點。此外，噴射口外罩的位置調整得更貼近身體並加大尺寸。為了讓肩部的裝設位置能顯得更自然流暢，調整成稍微往後傾的模樣，讓胸膛顯得更為挺拔，看起來更貼近動畫中給人的印象。

▲這是製作途中全身照與素組狀態的比較圖。由照片中可知，經重點施加修改後，整體給人的印象截然不同。

▲將肩部寬度修改窄一點，把噴射口外罩位置修得更貼近身體，同時也加大尺寸，肩部本身也調整組裝位置，讓這部分稍微往後傾，使胸膛看起來更挺拔。

▲上臂裝甲處動力管比照頭部和腹部換成市售改造零件。

MSN-03 GYUNEI GUSS'S JAGD DOGA

頭部本身做得很不錯，只是把動力管設置在胸部頂面會顯得有些像沙薩比，這點令我有點在意。因此在修改成像是從頭部延伸出來之餘，亦更動動力管的構造。

身體方面，僅將胸部修改得稍微內斂。主要問題在於腰部，這裡花了不少工夫……例如，將顯得太小的後裙甲往後移，並修改形狀、加大尺寸。前裙甲則是以設定圖稿中的形狀為準，修改成與側裙甲連為一體的模樣。

為了讓側裙甲不會顯得過寬，於是將連接機構削短許多，並將組裝位置稍微下移。但這樣一來會卡住股關節外側，因此股關節也得將軸棒的左右兩側各截短3㎜才行。配合前述修改，各裙甲內側也需稍微削磨，減少卡住的幅度。此外，側裙甲側面的寬度也修改得窄一點。

腹部也藉由將動力管調整得短一些，使該處顯得更苗條，動力管本身的構造當然也經過修改。

最後的腿部可說相當費事。先將膝裝甲開口削磨得更開闊，以便窺見內側骨架。腳掌則是大幅修改，經由追加MG版沙薩比的骨架建構出踝關節，並將之設置在小腿裝甲下擺，腳掌本身也整體縮減尺寸到小一號。包含修改腳尖形狀在內，這些是使模型更貼近設定圖稿形象的首要關鍵。

**銳之介初代日野**
為電擊HOBBY月刊所主辦模型比賽的「電擊鋼彈模型王初代冠軍」，後來也以該雜誌為中心大顯身手，甚至推出個人著作。目前主要是在MODEL ART月刊上擔綱連載單元。

TOPICS

## 紅色光影塗裝的上色流程

為了表現出介於紅色和粉紅之間的獨特紅色，需分成兩階段施加光影塗裝，就是以光影塗裝為底色、再施加一層光影塗裝，藉此營造出自然深邃的色調。

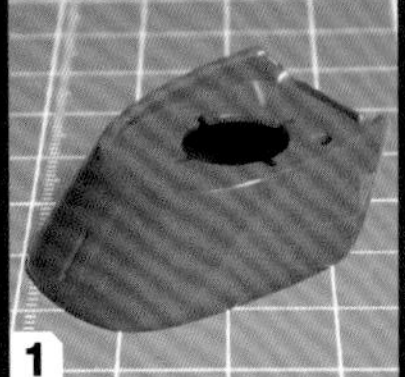


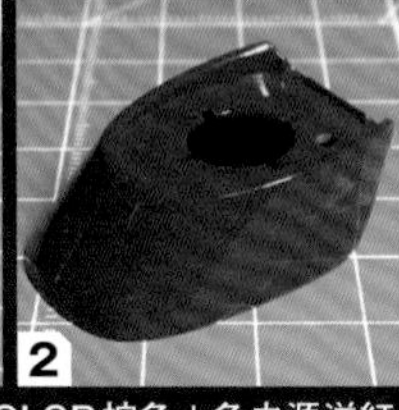


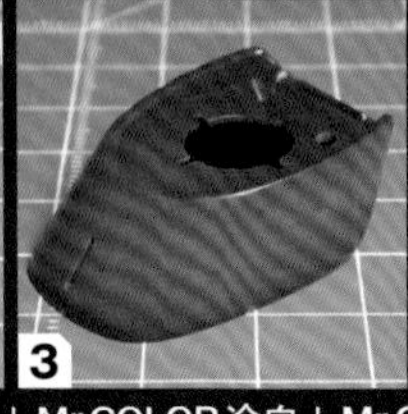


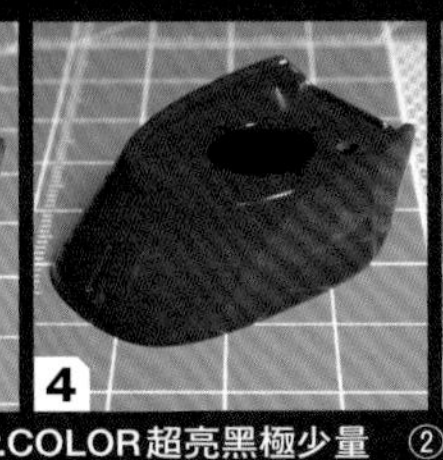


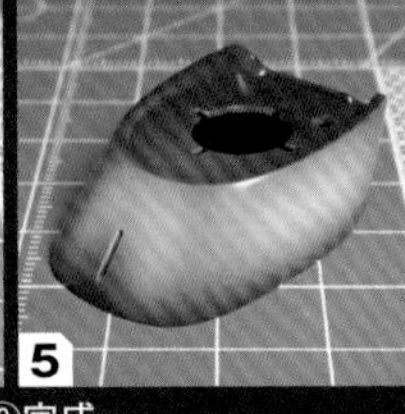


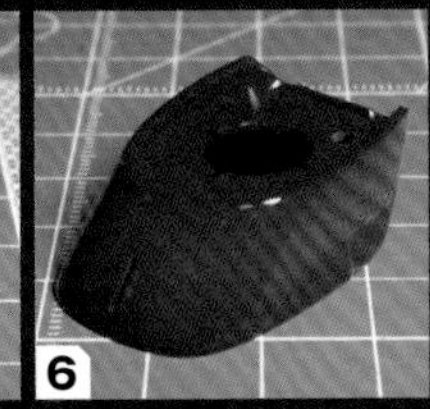


▲①底色的底色＝Mr.COLOR棕色＋色之源洋紅＋Mr.COLOR冷白＋Mr.COLOR超亮黑極少量　②完成的底色＝色之洋紅＋色之源黃色少量＋冷白極少量　③高光色光影塗裝＝②的底色＋冷白　④暫且提高彩度＝拿②使用的色調＋超級透明漆Ⅲ　⑤再度施加高光色光影塗裝＝冷白　⑥完成狀態＝色之源洋紅＋色之源黃色＋超級透明漆Ⅲ

BANDAI SPIRITS
1/100比例 塑膠套件
「REBORN-ONE HUNDRED」

# MSN-03 亞克托・德卡（葵絲・艾亞座機）

製作・文／マイスター關田

▶作者所設想的修改目標，是將厚重壯碩→苗條狀碩的體型。除了縮減上半身的尺寸之外，還進行延長踝關節等調整。縮減腹部的寬度後，原有腰部動力管也就顯得不合身，於是整個換成用鋁線串起金屬零件和彈簧管所做出的動力管。肩部護盾的推進器部位，則是用塑膠板重製風葉。另外，為各部位圓形結構分別鑽挖出1.5㎜～2.0㎜的孔洞，然後塞入WAVE製O・螺栓（1）。

BANDAI SPIRITS
1/100 scale plastic kit
“REBORN-ONE HUNDERED”

# MSN-03 QUESS AIR'S JAGD DOGA

modeled&described by Meister SEKITA

▲▶由於面罩不像設定中有著與單眼溝槽平行的邊框線，因此變用筆刀搭配雕刻刀刻出邊框線，然後用砂紙修整形狀，頭盔部位也追加細部結構。

▲由於上臂的裝甲似乎小了點，因此經由黏貼塑膠板並加以削磨的方式使尺寸能更大一些，同時也修改形狀。

▲臂部動力管遷就於開模的方式，做成了魚板般的形狀。首先要用瞬間膠加以填平，再削磨成圓柱狀，然後重新雕出每一節的刻線。

◀將左手原本做成陷進拇指裡的食指給削掉，改用塑膠棒重製。中指、無名指、小指也將第二關節的半球形部位改用塑膠棒重製，以便更改角度重新黏合固定。至於持拿武器用手則是把食指削掉，改用塑膠棒重製成能扣住扳機的模樣。

▲這是作為葵絲座機主武裝的MEGA格林機砲。範例中按照套件原樣製作完成，僅仔細地施加分色塗裝。

各位好，我是マイスター關田。這次擔綱製作的是RE/100版亞克托・德卡（葵絲・艾亞座機）。RE/100系列套件盡可能運用最少量的零件來呈現大分量機體，架構上組裝難度相對簡單。如果是純粹想要亞克托・德卡的立體產品，只要將套件組裝完成即可，但這畢竟是範例，因此我打算製作成自己心目中的理想樣貌。

■體型

以套件本身的狀態來看，顯然是整合成如同德姆、德萊森、薩克III等吉翁系重MS的厚重壯碩體型，但基於我的個人詮釋與喜好，這次打算塑造成「苗條狀碩且穿戴著重裝甲」的形象。製作時讓胸部、腹部顯得較苗條，凸顯出腰身線條，並將頭頂至腿部整合成漂亮的A字形輪廓。

這次為胸部骨架部分和腹部縮減寬度，還將腹部延長，話說像這樣修改零件的形狀時，我會著重於盡可能別損及套件本身的關節和免上膠卡榫構造。畢竟保留前述那兩者的話，後續會較易於進行試組，在確認均衡性之際也會比較省事，到最後組裝階段更是只要把已經塗裝完成的零件給黏合起來就好，可以避免不必要的風險。另外，總覺得小腿下擺罩住腳掌的幅度過大，因此在如同後述的沿用骨架零件之際，亦一併將關節的位置往下移，使腳掌外露的幅度能更多一點。

■關節

說到RE/100系列的特色之一，就屬大量採用共通PC零件（軟膠零件）的關節設計，不過就亞克托・德卡來看，踝關節顯然承受過重的負荷，只能算是勉強具有足夠的強度。經過評估是該採取補強或重製等解決方法後，決定沿用MG版吉姆突擊型（殖民地戰規格）的腳踝骨架。使用可靠性很高的MG版套件關節零件不僅能擁有保持力，在外觀上也很不錯。更重要的是，只要

▲身體方面，先將胸部裝甲基座分割開來，避開關節並分割為三塊。接著將截斷面各削磨掉2㎜，然後重新黏合，把胸部裝甲基座也黏合回原有位置。腹部亦按照相同要領來修改。

▲由於裙甲內側為凹槽狀，因此先用塑膠板填平，再追加桁架狀的細部結構。

▲小腿下擺外側顯得較短，末端需用塑膠板修整形狀以延長。

▲▶暫且削掉腳底（腳尖部位）的細部結構，再改用塑膠板搭配市售改造零件來重製。

◀為了提高踝關節的強度，因此沿用MG版吉姆突擊型（殖民地戰規格）的零件。小腿下擺內部也藉由填塞剩餘零件添加細部修飾。

組裝機構定案，即可迅速地完成設置作業，這也是最大的優點所在。不斷強調效率兩字似乎囉唆點，但這世界上最寶貴的莫過於「時間」，因此我也就坦率地將作業速度視為重點。至於其他關節部位則是將醒目的凹槽給填滿，便直接使用。

■細部結構

這款套件中適度地設置了細部結構，但考量到均衡感及我的個人喜好，對各處進行了增減。我認為從正面看得到的部分增添過多紋路，會顯得防禦力較差（＝看起來很弱），相當在意。因此在裙甲這類細部結構設置得較內斂之處添加視覺資訊量時，我並非追加刻線，而是黏貼塑膠板以營造出「有部分裝甲經過強化」的印象，代替增添紋路的手法。另外，同樣基於前述理由，我以瞬間膠填平了護盾上的部分刻線。

■塗裝

獨特的主體色可說是「偏洋紅且彩度較低的紅」，亦能稱為「彩度較高的粉紅」，其實是意外地難以表現的色調。要是按照慣例採取用棕色系作為底色的紅色塗裝法，那麼會產生嚴重的混濁感，導致塗裝成果顯得髒兮兮的。因此範例中並未按照一般「明⇔暗」的光影塗裝，而是採取「高彩度⇔低彩度」的光影塗裝，以便呈現心目中的色調。儘管本次採用以光影塗裝為底色，再進一步施加光影塗裝這種乍看之下很累贅的塗裝手法，但隨著在色相上有著微幅差異的光影塗裝效果疊合在一起，其實也更易於營造出介於兩者之間的色調，同時亦能很自然地呈現出深邃的韻味，可說是相當值得推薦的技法。

**マイスター關田**
在東京鋼彈基地擔任鋼彈模型大師的塗裝傳教師，因為抱持著一顆好奇探究的心，所以總是在摸索嶄新的塗裝表現手法。

# 民用機規格的高性能薩克

BANDAI SPIRITS 1/100 scale plastic kit
"Master Grade" HIZACK use

# HOBBY HIZACK

modeled&described by Keita YAGYU

## 以MG版高性能薩克為基礎搭配3D列印加強版

配合以護衛身分陪同夏亞前往SIDE 1殖民地「隆迪尼奧」與地球聯邦政府高官進行談判，裘尼・韓斯帶進該地的機體，正是收藏型高性能薩克。為了向周圍表現這是一架經軍方淘汰後轉為民用機使用的機體，因此不僅解除所有武裝，還刻意施加十分醒目的配色。

這件範例是利用極致等級（MG）版套件改造出來的，看起來似是而非，實際上有著很大差異的細部，是運用3D列印搭配補土等製作手法予以重現。在降低彩度之餘，亦營造出能給人流行印象的機體。

使用BANDAI SPIRITS 1/100比例 塑膠套件
「MG」高性能薩克

**收藏型高性能薩克**

製作·文／柳生圭太

HOBBY HIZACK

▼儘管屬於簡易的形式，範例中還是重現收藏型高性能薩克的駕駛艙蓋開闔機構。高性能薩克的艙蓋是向上開啟式，收藏型高性能薩克則是向下開啟的。

▲這是噴塗底漆補土前的製作途中照片，能夠明顯分辨出在形狀上與高性能薩克不同的部位何在。範例中的左右肩甲、推進背包、動力管等部位都是用3D列印方式全新製作而成，除此之外則是用AB補土等材料修改的。

HOBBY HIZACK

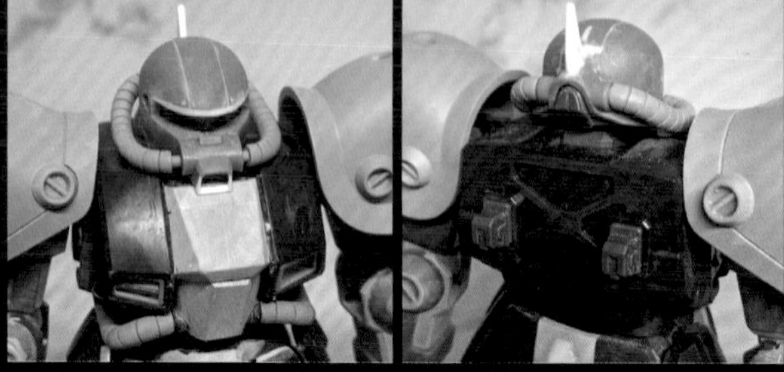

▲頭部方面，省略頭頂的開闔機構、黏合外裝零件，製成連為一體的形式，內部機械則施加分件組裝式。將帽簷黏貼塑膠板以縮減單眼溝槽的寬度，利用塑膠板修改散熱口形狀，並為頭部後側製作全新刃狀天線。

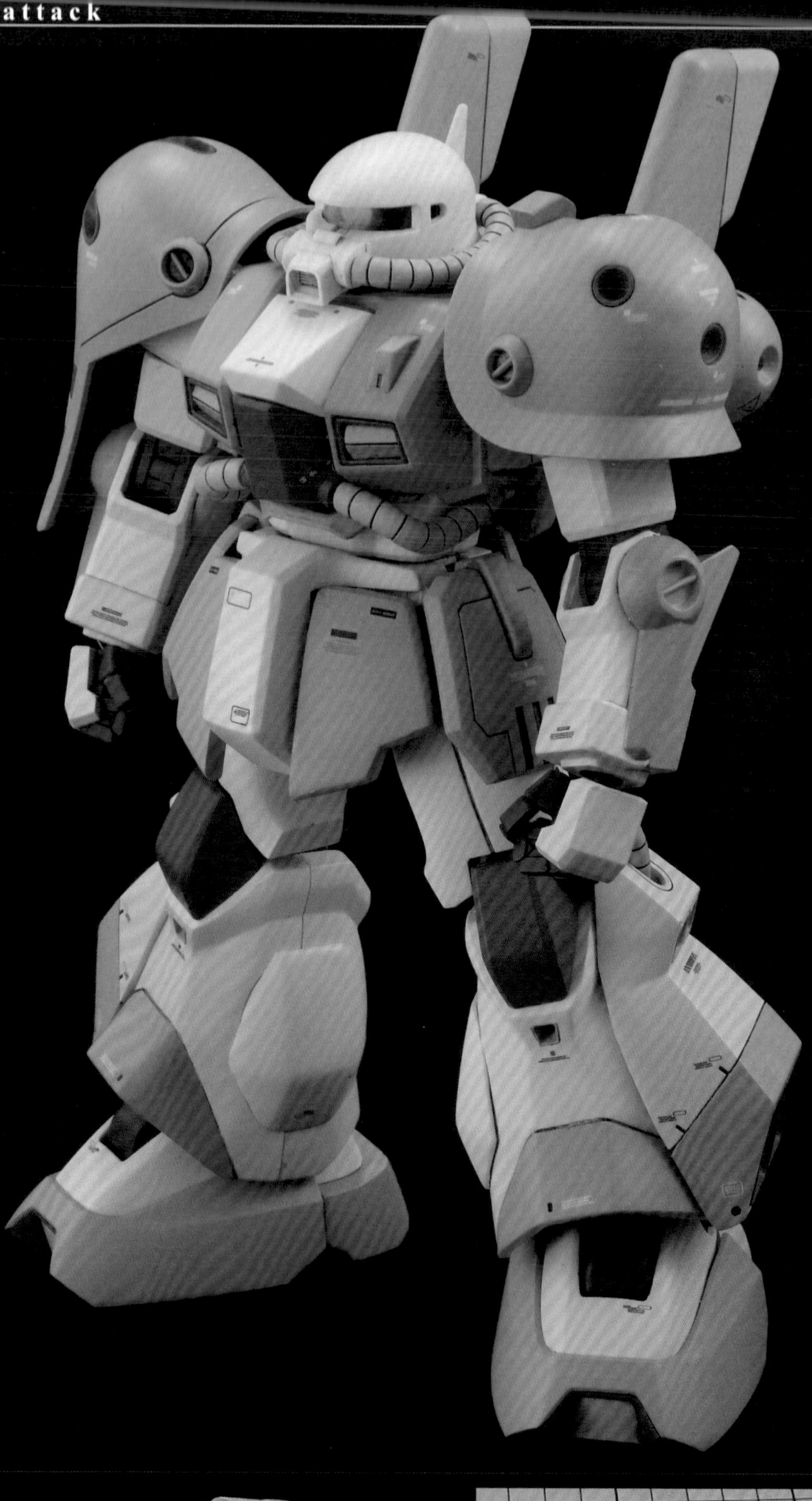

▲▶肩甲、肘部⊖字形結構、肘關節、肘關節外側裝甲，都是用3D列印方式全新製作的，手掌則是選用HAL-VAL製手掌13.0㎜方形指。

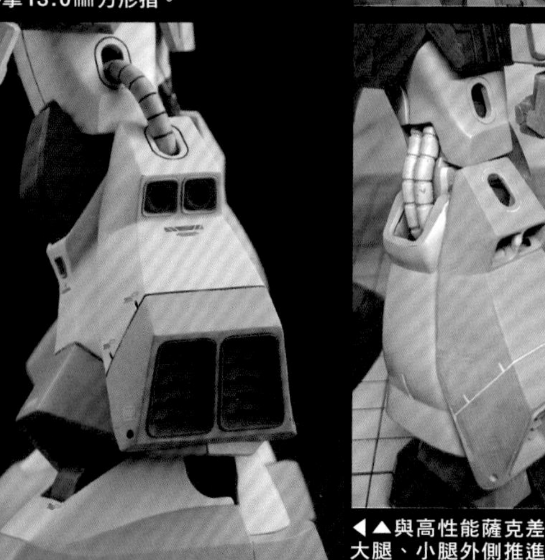

◀▲與高性能薩克差異頗大的大腿、小腿外側推進器組件，都是用3D列印方式製作，推進器內部還做出風葉狀的結構。

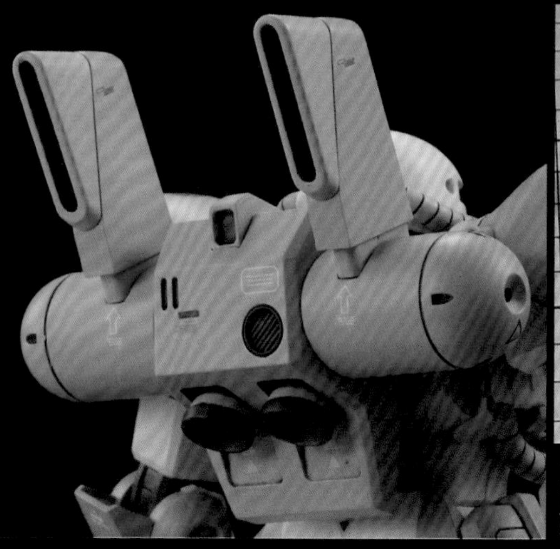

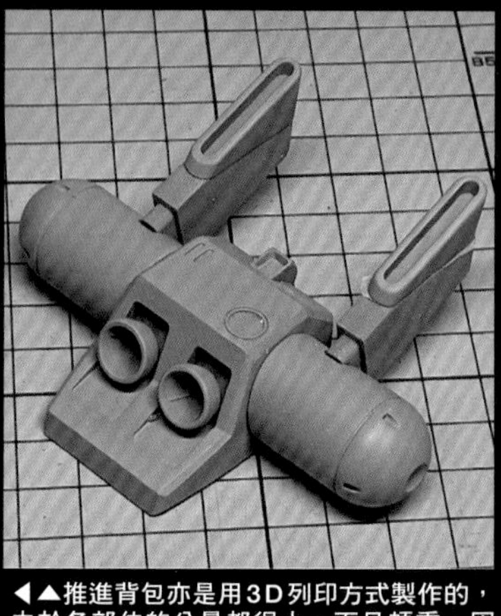

◀▲推進背包亦是用3D列印方式製作的，由於各部位的分量都很大，而且頗重，因此各零件之間都有使用直徑2㎜的黃銅線牢靠地打樁固定住。

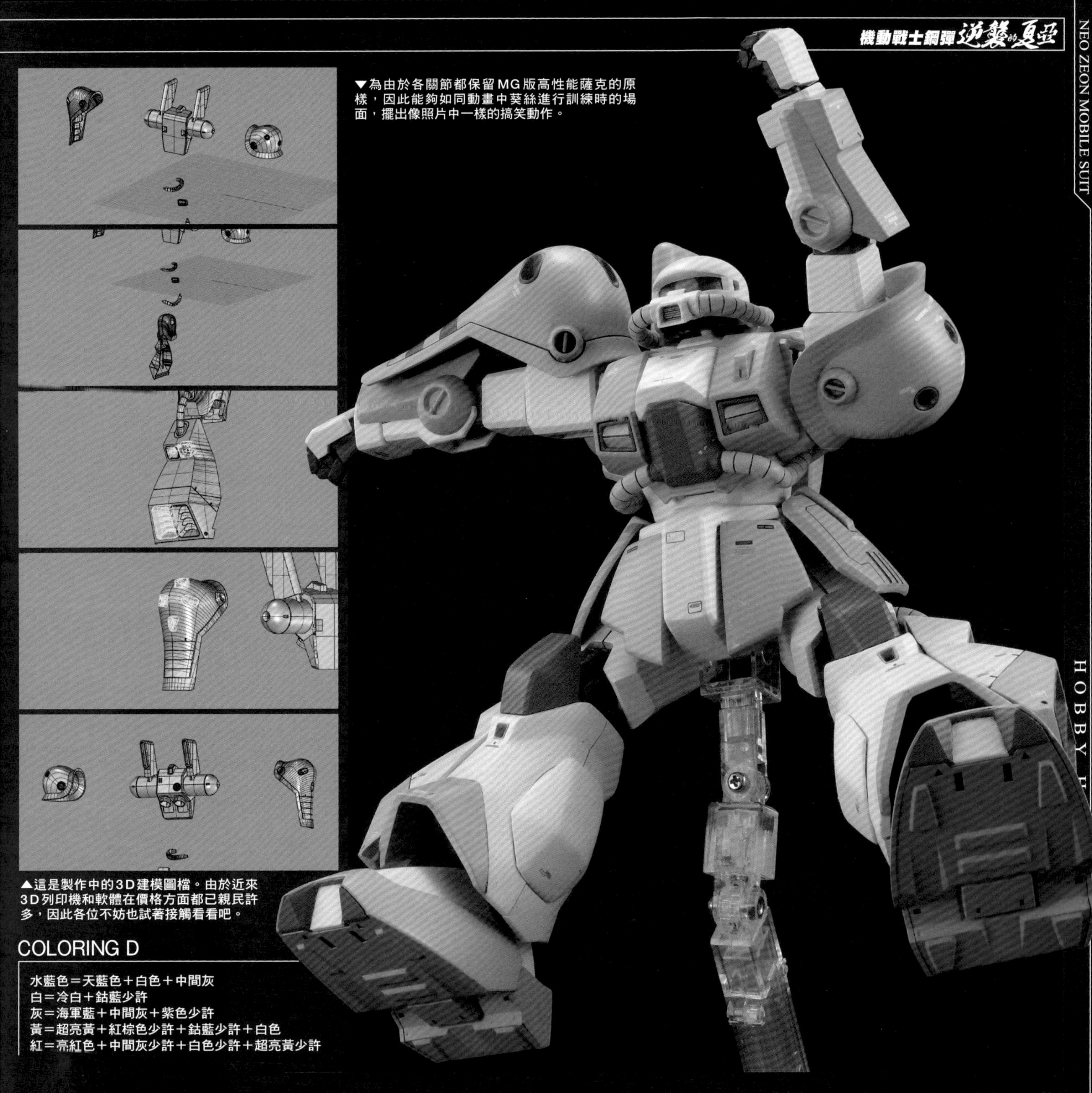

▼為由於各關節都保留MG版高性能薩克的原樣，因此能夠如同動畫中葵絲進行訓練時的場面，擺出像照片中一樣的搞笑動作。

▲這是製作中的3D建模圖檔。由於近來3D列印機和軟體在價格方面都已親民許多，因此各位不妨也試著接觸看看吧。

## COLORING D

水藍色＝天藍色＋白色＋中間灰
白＝冷白＋鈷藍少許
灰＝海軍藍＋中間灰＋紫色少許
黃＝超亮黃＋紅棕色少許＋鈷藍少許＋白色
紅＝亮紅色＋中間灰少許＋白色少許＋超亮黃少許

這次特輯中，我擔綱製作的正是收藏型高性能薩克！這是一架很少推出商品的冷門機體，以下會列舉使用1/100極致等級（MG）版套件時需修改之處。這些部位形狀差異頗大，或許這正是它很少推出立體產品的原因吧。

### ■頭部

黏合頭部外裝零件，將內部機構零件修改成能從下方分件組裝的形式。帽簷黏貼0.5㎜塑膠板，使單眼溝槽窄一點，並在側面追加開口。黏貼塑膠板以延長嘴部散熱口，將開口削成傾斜狀。頭部後側刃狀天線以塑膠板全新製成。動力管的印象差異頗大，因此改用3D列印重製。

### ■身體

駕駛艙蓋和上方白色區塊都用AB補土加大分量，駕駛艙蓋處合葉機構從上側改為設在下側。胸部散熱口同樣以3D列印製作。在腰部中央裝甲正面黏貼2㎜塑膠板，並用AB補土修整形狀。前裙甲先用1㎜塑膠板增厚，再用塑膠板調整下擺形狀。後裙甲僅填平了原有的武器掛架。

### ■腿部

大腿形狀完全不同，需用3D列印重製。先用補土填墊膝裝甲內側，再削磨成菱形。小腿正面和內側也填墊內部後，再削磨成與設定圖稿相符的形狀。外側推進器組件同樣3D列印自製，腳掌則是僅將腳尖需分色塗裝處修改成獨立零件。

### ■臂部

肩甲是用3D列印自製的，噴射口都製作成獨立零件，由於肘關節形狀不同，因此亦用3D列印方式自製。先用補土填墊內側再整個削掉，覆蓋住3D列印自製而成的⊖字形結構。肘部外側裝甲亦黏貼3D列印自製零件，手掌則是選用大家熟知的HAL-VAL製手掌13.0㎜方形指。

### ■推進背包

這部分都是以3D列印方式自製，各零件都鑽挖2㎜孔洞，以便用金屬線牢牢打樁。

### ■塗裝

儘管塗裝具有流行的鮮明配色，但為了避免過於醒目，範例將彩度調低了一點。

完成後拿來欣賞一番，發現這確實是一架耐人尋味的機體，不過我可不打算拿去賣喔！

**柳生圭太**
合同會社RAMPAGE的代表之一，亦是執掌HAL-VAL股份有限公司的經營者。不僅參與產品研發和原型製作，有時也會以職業模型師的身分大顯身手。

# 新吉翁軍新人類專用
# 超大型MA

BANDAI SPIRITS 1/400 scale plastic kit
"GUNDAM COLLECTION"

# NZ-333 α-AZIERU

modeled&described by Kazuhisa TAMURA

## 施加仿效擬真等級（RG）而成的細部結構與配色

α・阿基爾乃是新吉翁軍的新人類專用超大型MA，有著無法停放進旗艦雷烏路拉號的機庫裡，必須在艦外拖曳航行，全高為108.26m（含增裝燃料槽在內）之多的龐大身軀，是一架配備各式武裝的機動兵器。

這件範例使用1/400比例的鋼彈精選集套件，不僅維持套件本身極為出色的體型，還在保留既有細部結構，進一步將細部結構製作得更為精緻，藉此造就符合巨大兵器應有面貌，具有高密度視覺資訊量的全面細部修飾版α・阿基爾。

BANDAI SPIRITS
1/400比例 塑膠套件
「鋼彈精選集」
**NZ-333 α・阿基爾**
製作・文／田村和久

▲儘管套件中附有以小行星阿克西斯為藍本的專用展示台座，但範例中並未使用，而是拿另外販售的可動展示架搭配自製連接零件來加以展示。

▼儘管套件本身連外裝零件內側（核心部位）都仔細地雕刻細部結構，但範例中還是進一步用塑膠材料等物品追加細部結構。

▶只要展開前後起落架，即可呈現在動畫中也出現過的停放形態。想要蓋上頭部外罩推進器時，必須事先取下頭部的天線才行（套件本身則是無須取下天線即可蓋上）。

# 全身各處都配備武器 超大型機動兵器

以感應砲為首，α・阿基爾的全身各部位都備有MEGA粒子砲等武裝。

## 頭部

▲搭載駕駛艙的頭部組件備有額部2連裝火神砲，以及口部MEGA粒子砲。

## 線控腦波傳導式MEGA臂部砲

▲左右肩甲處均搭載線控腦波傳導式MEGA臂部砲。各備有5門砲口。MEGA臂部砲是用纜線連接著，能藉此靈活地進行攻擊。除此之外，在輔助機臂上也各備有1門MEGA粒子砲。

## 增裝燃料槽

▶腿部增裝燃料槽為全長超過50m的巨大槽體，推進劑使用完畢後可直接與主體分離開來。修改後會被干涉到的股關節則是將左右軸棒各截短約3㎜，

## 感應砲

▲後裙甲處搭載9具感應砲，感應砲在發射出去後會展開小型機翼。

◀▲頭部一帶是利用塑膠材料在襟領內側追加細部結構，頭部是將額部2連裝火神砲和口部MEGA粒子砲都用AB補土搭配塑膠材料重製，頭部側面鰭片也用塑膠板重製，單眼軌道的軸棒亦用塑膠管重製，而且還利用釹磁鐵追加可動機關。

▲肩甲內側共有4具噴射口，由於原本連接用的棒狀結構會整個暴露在外，因此拿塑膠板用覆蓋住該處的方式添加細部修飾。

▶在輔助機械臂方面，肘關節原本以上臂和前臂的連接部位為界，做成前後一樣長的形式，但這樣就設計上來說過於單調，因此將前臂處的連接孔、上臂處的棒狀結構各削短約1.5㎜。

動畫中「α・阿基爾」乃是擁有壓倒性火力、憑藉各式武裝掃蕩地球聯邦軍MS的超大型MA。我個人很喜歡這架具備獨特十字形輪廓、有著怪物般臉孔的機體，這次選用1/400比例的「鋼彈精選集」版套件來製作。

首先談談這款套件本身，這是有部分為已塗裝規格的組裝式模型，零件架構非常簡潔，整體給人近乎中空型套件的印象。不過設置在全身各處的細部結構相當精密，加上部分零件已塗裝，光是組裝起來就能完成一架頗為帥氣的α・阿基爾。設計出這種能在短時間內獲得這等成果的套件，只能用「真是厲害！」來形容，讓人佩服不已。可惜感應砲和噴射口等零件為PVC材質，對於做慣一般塑膠模型的玩家來說，必須攻略這類不熟悉的材質。

在頭部方面，將額部往外凸出的2連裝火神砲部位、口部MEGA粒子砲部位都用塑膠材料搭配AB補土重製。口部原本是做成近似正方形的模樣，範例中改為製作成長方形。這款套件除了附有組裝說明書之外，亦附屬機體設定解說書，這次就是參考刊載於其中的設定圖稿來製作。為了讓單眼部位的感測器能調整角度，於是用塑膠管重製。塑膠管中央還設置釹磁鐵，使這裡能作為轉動軸。頭頂處天線亦用塑膠板重製，並且用鋁線連接在頭部上。

在胸部方面，由於連接兩側動力管的背面處基座就剖面來看呈現C字形，因此用塑膠材料填補缺口，使該處成為完整的管狀結構。動力管零件也分割為左右兩片，修改成能夠等塗裝完成後再插入該處的構造。總覺得頸部一帶的空隙多了點，於是使用塑膠材料添加細部修飾。彼此相連的梯形結構是使用WAVE製「HG細部結構打孔器 梯形（1）」鑿挖0.2㎜厚塑膠板而成，藉此

▼亦可重現運輸中的形態。

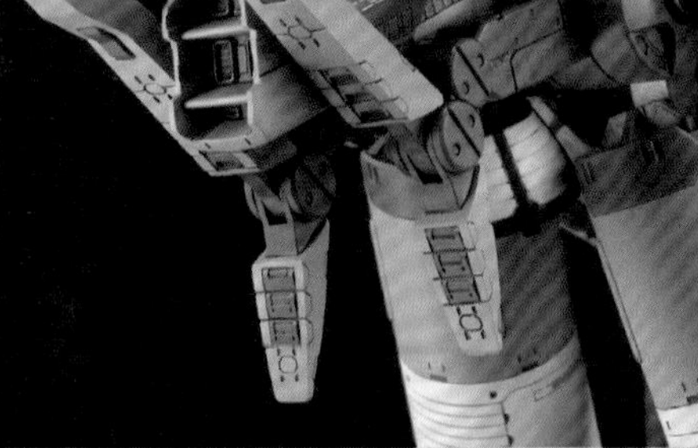

▲▶在後裙甲方面，先將感應砲用的組裝槽鑽挖開孔，再裝入直徑4㎜、高2㎜的釹磁鐵，這樣一來就能連接同樣裝入釹磁鐵的感應砲。

▼在起落架（前側）方面，為了讓機械爪能分件組裝，因此將圓形結構的其中一側給分割開來，讓該處成為獨立的零件。

▲▶將起落架內側的細部結構用矽膠翻模，接著為矽膠磨塗佈保麗補土以複製出該造型，然後用複製零件來添加細部修飾。



輕鬆地做出所需零件。

腰部方面，中央裝甲和左右前裙甲的推進器都黏貼條紋塑膠板作為細部修飾。肩甲正面和腿部推進器亦比照辦理。若挖穿推進器噴射口也不會影響到背面形狀，就可以採取「挖穿後替換成條紋塑膠板」的做法；若背面設有細部結構，導致難以挖穿，就先將噴射口挖得更深一點，再塞入設有細部結構的0.2㎜厚塑膠板。

在位於前裙甲內側的起落架方面，僅將機械爪零件醒目凹槽填滿。令人驚訝的是，這些凹槽亦即機械爪零件的內側居然也刻意設置細部結構。為了能物盡其用，於是先一步拿翻模用矽膠灌入凹槽裡，藉此把細部結構的造型給複製下來。等矽膠硬化後，再為表面塗佈保麗補土，以便做出機械爪內側的細部結構零件。等到確定細部結構零件的裝設位置並黏合固定住後，再用AB補土填滿縫隙，就大功告成。

在後裙甲方面，這裡設有感應砲的裝設基座，套件中是以球形關節作為連接機構，導致9處開口都能看到凸出來的球形軸棒，為了美觀起見，範例中改為將釹磁鐵固定在該處作為連接機制。感應砲原有連接口也用鑽頭進一步挖出直徑3㎜、深3㎜的孔洞，藉此裝入釹磁鐵。基座這邊則是裝入直徑4㎜、高2㎜的釹磁鐵，同時也製作艙蓋狀的細部結構。

在塗裝和完工修飾方面是以現今的鋼彈模型為基準，採取以面為單位，使用色調略有差異的顏色來塗裝，而且還添加線條狀的水貼紙。

**田村和久**

於電擊HOBBY月刊出道後，在其他友誌上也是以鋼彈模型為中心大顯身手，細膩作工和紮實的改造品味備受肯定。

# 隆德·貝爾隊的旗艦

non scale scratch build

# RA CAILUM

modeled&described by Einosuke shodai HINO

## 自製約1/700比例的拉·凱拉姆號

拉·凱拉姆號乃是由布萊特·諾亞上校擔任司令的地球聯邦軍獨立外圍組織「隆德·貝爾隊」所屬旗艦，以布萊特艦長為首，有著阿姆羅·嶺上尉、阿斯特納吉等資深老手居於核心的成員架構。

這件範例是以約1/700比例來呈現的自製模型，日野先生以向來擅長運用的塑膠板為中心造就整體造型。

無比例 自製模型

**拉·凱拉姆號**

製作·文／銳之介初代日野

▲這是製作途中照片。除了MEGA粒子砲和機槍以外，幾乎都是用塑膠板製作出來的，後側的8具主噴嘴亦是用塑膠管搭配市售改造零件來重現。

我長年用自製手法呈現鋼彈船艦，這系列我覺得是公認（笑）的1/700大小，MS相對地只有約1㎝大。我是以能充分容納MS的機庫、甲板尺寸為基準，反過來推算出全長。嚴格來說，用全長換算的話就不算是1/700了（笑）。

實際動手做後，意外地發現拉・凱拉姆號其實較接近航艦！2道彈射甲板相當醒目，不過就平面形狀來看，亦是頗為龐大的飛行甲板，兩者之間夾著船身，藉由2座機庫讓左右兩側相通，在《機動戰士鋼彈 UC》中也有描繪出後側著艦口與左右機庫相通的模樣。

設計時從剖面為「I」字形的艦首開始，陸續做出左右兩側的隆起結構、凸出的甲板，以及收窄且往上隆起的艦橋區塊。像這樣依序做出整體線條乃是訣竅所在。

細部結構方面是以《逆夏》時代的設計為基準，艦橋等處做了一點調整，至於武裝類零件則是拿金屬砲管進行車床加工而成。

▲▼全長約36.5㎝，就比例來說是約1/700。附帶一提，亦自製了全高約1㎝的MS。

▲從艦橋延伸出來的天線是以黃銅線來呈現，機槍是經由對金屬砲管進行車床加工來湊齊所需數量，MEGA粒子砲只是採取用塑膠棒插在孔洞裡的方式來連接，因此砲塔能夠轉動。

BANDAI SPIRITS 1/144 scale plastic kit
"High Grade UNIVERSAL CENTURY"
νGUNDAM+SAZABI use

# FINAL BATTLE! νGUNDAM vs. SAZABI

the diorama built&described by Katsunari KAKUTA

# 最後決戰！ν鋼彈vs沙薩比

## 在逐漸瓦解的阿克西斯地表上 U.C.0093.0312

載著從月神二號取得的核彈，新吉翁艦隊讓阿克西斯進入往地球墜落的軌道。為了阻止阿克西斯墜落，隆德・貝爾艦隊展開最後的作戰行動，他們打算攻堅進入阿克西斯內部，藉由引爆炸彈將阿克西斯從內部炸裂。就在執行這場作戰的過程中，ν鋼彈與沙薩比也在阿克西斯的地表上展開殊死戰，隨著雙方都失去武器，最後打算以MS之間的格鬥戰來一決雌雄。

使用BANDAI SPIRITS
1/144比例 塑膠套件
「HGUC」
ν鋼彈＋沙薩比

# 最後決戰！ν鋼彈vs沙薩比

情景模型製作·文／角田勝成

## 運用HG系列將阿克西斯上的決戰製作成情景模型

為了藉由將阿克西斯從內部炸裂來阻止它墜落，隆德·貝爾隊派出特殊工作隊潛入阿克西斯內部。另一方面，阿姆羅則是展開破壞裝設於阿克西斯上的推進器等行動，試著找出從外側來阻止阿克西斯墜落的方法，夏亞察覺此事後也駕駛著沙薩比前來與阿姆羅的ν鋼彈交戰。這件範例正是將這兩人的最後決戰以擷取出其中一景，並且將局部重新詮釋的形式製作成情景模型。在以阿克西斯表面作為地台之餘，亦營造出2架機體展開激烈格鬥的構圖。儘管就動畫中的場面來說，這時沙薩比已經失去所有的感應砲，不過為了情景模型的戲劇性效果所需，範例中還是設置感應砲作為點綴。

◀ν鋼彈幾乎是按照套件原樣製作，左手沿用取自其他套件的張開狀手掌零件，光束軍刀的透明刀刃部位亦是以細部修飾零件來呈現。

▲將被光束軍刀砍斷的左臂用AB補土搭配剩餘零件來重現截斷面。

▲沙薩比的頭部依照作者個人喜好施加徹底修改，如果各位手邊也有這款套件，希望能拿來比對一下差異何在。

▲各部位肋梁狀結構都是暫且先削掉，再黏貼evergreen製塑膠材料來重現，藉此做得更具立體感以作為細部修飾。

▲◀地台是先用木材圍住保麗龍，再用石膏來做出阿克西斯的表面。機械部位則是經由黏貼塑膠材料，做出有那麼一回事的模樣。

▶情景模型的面積比A4略大一些，尺寸大致上為長33.4㎝×寬24.2㎝×高29㎝。由於將ν鋼彈和沙薩比設置在對角線上，因此營造出雖然整體相對地小巧，卻魄力十足的構圖。兩者的位置也刻意擺設成有著高低之差，並且藉由讓ν鋼彈位於上方來巧妙地營造出在對戰中佔優勢的觀感，這點亦相當值得注目。

▲被壓彎的雷達塔是拿鐵道模型用架線柱搭配剩餘零件製作而成，柱子本身是經由加熱軟化予以扭曲變形的。

▶在這個場面中應該沒有沙薩比的感應砲飛過才對，不過為了情景模型的戲劇性效果所需，因此還是加上感應砲。這部分是將噴射特效連接在鐵塔上，藉此讓感應砲看起來像是飛在空中。

「不過，這還真是荒唐啊！」

1988年3月12日，距今30多年前，我心目中鋼彈作品系列的最高傑作《機動戰士鋼彈 逆襲的夏亞》在日本上映，這是一部富野由悠季監督獻給所有鋼彈迷的訊息作品。即使時至今日，每回重新欣賞時也都能找到新的發現和詮釋。

因此這次我從動畫中諸多名場面裡挑出ν鋼彈vs沙薩比的激戰場面，並運用HG版套件製作成情景模型。雖然會與動畫中的場面略有出入，但還是以營造出魄力為優先的方式來進行製作。

首先是沙薩比，這款套件精湛地掌握住動畫中的形象。範例中則是以設定圖稿為參考對頭部施加改造。不僅如此，各零件上的肋梁狀凸起結構也改用evergreen製塑膠材料來重現以作為細部修飾。遭到ν鋼彈用光束軍刀砍斷的左臂，亦利用AB補土搭配剩餘零件重現截斷面。

至於ν鋼彈嘛，總之是一款造型十分精湛的套件，在這件範例中基本上是直接製作完成，不過還是有確實地進行表面處理。為了讓手掌能顯得更生動，這部分沿用其他套件的零件。光束軍刀的光束刀特效亦選用細部修飾零件來呈現。

情景模型方面，按照慣例用保麗龍製作地台，以塑膠和石膏做出阿克西斯表面，被壓彎的雷達塔則拿鐵道模型用架線柱搭配剩餘零件製成。另外，2架機體也都用電雕刀添加戰損痕跡。

ν鋼彈用光束軍刀唰地一聲砍斷沙薩比的一條手臂，沙薩比的感應砲隨即朝著ν鋼彈攻過去，這次就是打算製作出這樣的場面。

**角田勝成**
會運用情景模型展示角色機體與怪獸的老牌模型師，擅於運用容易理解的架構來擷取場面。

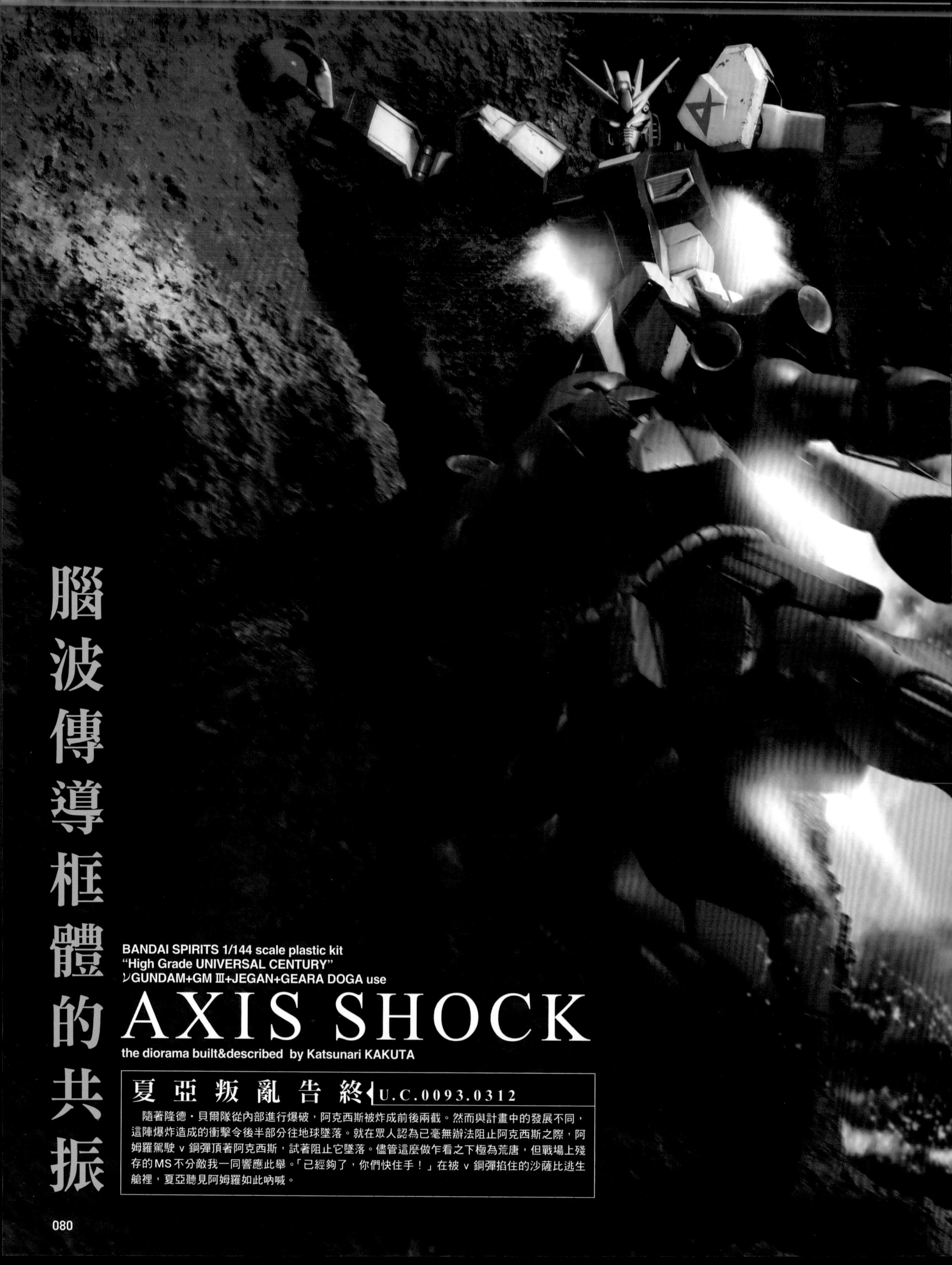

# 腦波傳導框體的共振

BANDAI SPIRITS 1/144 scale plastic kit
"High Grade UNIVERSAL CENTURY"
νGUNDAM+GM Ⅲ+JEGAN+GEARA DOGA use

# AXIS SHOCK

the diorama built&described by Katsunari KAKUTA

## 夏亞叛亂告終 U.C.0093.0312

隨著隆德・貝爾隊從內部進行爆破，阿克西斯被炸成前後兩截。然而與計畫中的發展不同，這陣爆炸造成的衝擊令後半部分往地球墜落。就在眾人認為已毫無辦法阻止阿克西斯之際，阿姆羅駕駛ν鋼彈頂著阿克西斯，試著阻止它墜落。儘管這麼做乍看之下極為荒唐，但戰場上殘存的MS不分敵我一同響應此舉。「已經夠了，你們快住手！」在被ν鋼彈掐住的沙薩比逃生艙裡，夏亞聽見阿姆羅如此吶喊。

使用BANDAI SPIRITS
1/144比例 塑膠套件
「HGUC」
ν鋼彈＋吉姆III＋傑鋼＋基拉·德卡

# 阿克西斯震撼

情景模型製作·文／角田勝成

## 以情景模型重現 故事高潮場面

面對往地球墜落的阿克西斯，為了幫助打算憑MS之力將它推離的ν鋼彈，敵我雙方的MS均趕來出一份力量。就在有些機體的發動機承受不了負荷而爆炸，導致其他MS跟著被彈飛時，ν鋼彈突然被一道神祕光芒所籠罩，就在該光芒接著籠罩阿克西斯，它的軌道也隨之改變。這個後來被稱為「阿克西斯震撼」的現象，至今仍和腦波傳導框體所散發出的光芒同為不解之謎。至於阿姆羅和夏亞則是在那道光芒中雙雙失去行蹤，「夏亞叛亂」也就此宣告落幕。

本書的第2件情景模型作品，正是將該故事高潮場面製作成尺寸相對地小巧的情景模型。範例中除了將阿克西斯的表面做成箱形地台之外，還毫不浪費空間地設置數架MS。還請各位仔細品味這件洋溢著十足臨場感的情景模型。

▲這次是製作成由2個面圍住的箱形情景模型，藉由將頂部製作成阿克西斯的岩壁表面，擷取出眾MS力圖將阿克西斯推離墜落軌道的一景。地台的尺寸大致上為長41㎝×寬27.1㎝×高34.5㎝，儘管共有4架機體登場，整體卻比想像中來得更為小巧。

AXIS SHOCK

▲ν鋼彈是照套件原樣製作的。右手捏著的沙薩比逃生艙是先用AB補土做出球體，再添加紋路而成。張開狀手掌取自細部修飾零件。各部位還用電雕刀添加戰損痕跡。

▲基拉·德卡的握拳右手與張開的左手也都使用細部修飾零件。

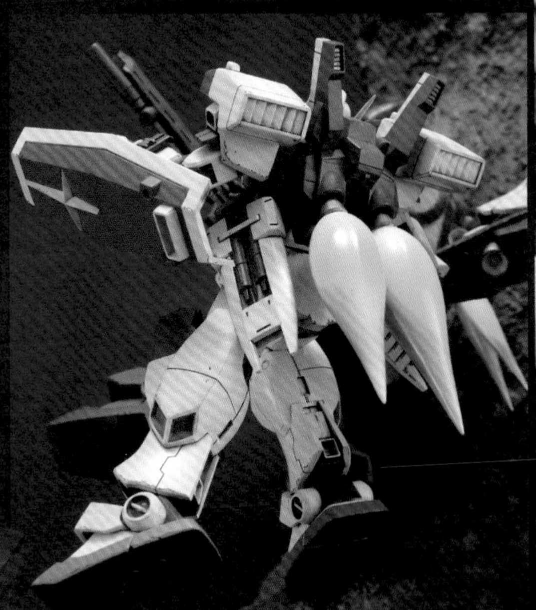

◀▲吉姆Ⅲ與傑鋼的噴射特效都使用細部修飾零件，這部分還藉由施加漸層塗裝營造出發光的模樣。

TOPICS

## 岩壁地台的製作方法

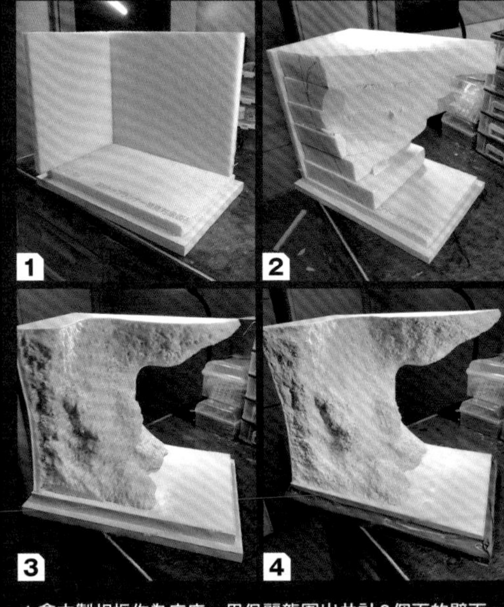


▲拿木製相框作為底座，用保麗龍圍出共計3個面的壁面。接著以前述壁面為基礎堆疊較厚的保麗龍，並且用美工刀切削和徒手剝刮的方式做出雛形，再塗佈模型膠水把表面溶解，然後塗佈用水溶解過的石膏來製作出岩壁表面。

「已經夠了，你們快住手！」

論到這部動畫中最令人印象深刻的場面，當然非這個高潮場面莫屬。也就是隨著阿克西斯終究還是開始往地球墜落，此時為了拯救地球，隆德·貝爾隊、地球聯邦軍，以及新吉翁軍的眾MS均不分敵我啟動最大噴射輸出，試圖將阿克西斯給推開的場面。這次就是要以情景模型的形式來重現該經典場面。

登場的各式MS包含ν鋼彈、吉姆Ⅲ、傑鋼，以及基拉·德卡，使用的均為HG（UC）系列套件。儘管各MS基本上都是直接製作完成，卻也紮實地進行過表面處理。這類表面處理作業確實既單調又費事，但只要有確實地處理過，完成後的模樣就會好看許多。為了讓各MS能顯得更生動，手掌也就都選用細部修飾零件，噴射特效亦是從市售細部修飾零件中挑選，各MS更是都利用電雕刀添加戰損痕跡。

話說情景模型的地台是先拿木製相框作為底座，再堆疊較厚的保麗龍，並且用美工刀切削和徒手剝刮的方式做出阿克西斯地表，最後是塗佈石膏來做出表面的細微凹凸起伏。

我製作情景模型時向來十分注重的，就屬構圖和角色的動作。尤其是以鋼彈這類機器人，因為臉部沒有表情的關係，所以向來格外花心思在擺設動作上。如果這件情景模型能讓大家覺得各MS有充分地表現出行動意志，那就算是圓滿成功了，不曉得各位認為如何呢？

BANDAI SPIRITS 1/144 scale plastic kit
"High Grade UNIVERSAL CENTURY"

# RX-93 νGUNDAM

modeled&described by Ryuji HIROSE(ORIGIN CLUBM)

## 運用數位建模方式
## 徹底修改成符合自身喜好的造型

繼情景模型之後，接下來要介紹HGUC系列的單一範例。首先是從阿姆羅．嶺最後的座機ν鋼彈打頭陣。這款套件本身雖然早在2008年3月便問世，卻也充分掌握屬於ν鋼彈特徵所在的造型，還具備一體成形的頭盔零件、無接合線外露的零件架構等設計，可說是集當時最尖端技術之大成的傑作。這件範例則是為了將作者的個人喜好全面融入其中，因此運用數位建模技術施加大幅度修改，進而具體重現心目中的ν鋼彈理想樣貌。

BANDAI SPIRITS 1/144比例 塑膠套件
「HGUC」
**RX-93 ν鋼彈**
製作·文／**廣瀨龍治（ORIGIN CLUBM）**

◀翼狀感應砲僅出自便於塗裝的考量而施加分件組裝式修改，除此以外都維持套件原樣。明明是1/144尺寸，6具感應砲卻都能分離、變形，完成度真是精湛呢。

◀▲上方是套件素組狀態（左）和組裝數位建模製新零件後的比較，左方照片中是噴塗底漆補土前的狀態，應該更易於辨識與套件原有零件的差異何在。

▲◀為了便於塗裝起見，將各散熱口一帶和翼狀感應砲的黃色部位都分割成獨立零件，等上色完成後再進行組裝並黏合固定住。

◀後裙甲內側也追加經由數位建模做出的零件。

▲在腿部方面，著重於從大腿一路延伸至腳尖的線條，因此整條腿都重新製作，大腿比原套件的零件長4㎜。

▲配合腿部形狀，腳掌內側追加側向轉動軸以提高貼地性。

▲▶保留屬於ν鋼彈特徵的馬臉風格造型，看起來十分帥氣，並補足套件中省略的火神砲拋殼口等細部結構。為免天線等細小零件變形，在檔案裡先設置好支架等支撐物，確保3D列印成品能呈現工整造型。

▶武裝均按套件原樣製作。透明光束刃零件施加漸層塗裝，以營造發光感。

▲另外，胸部尺寸製作得比套件小了一號。臂部則是將上臂縮短1㎜，前臂則是延長1㎜。藉此在整體長度不變的前提下，讓前臂顯得更長，給人更加強而有力的印象。

RX-93 νGUNDAM

## ■前言

配合這次特輯，我擔綱製作HG版ν鋼彈！這次我也充分發揮了擅長的數位建模技法。為了讓作業進行順利，首先得決定製作方向。這年代的HG（UC）是由KATOKI HAJIME老師擔綱繪製研發圖稿，但套件本身融入了一點動畫版形象，因此我打算參考同樣出自KATOKI老師筆下的HG、舊MG、GFF等產品來修改體型。此外，我並非以RG和MG Ver.Ka這類高精密度細部結構為目標，而是參考同樣出自KATOKI老師手筆的X68000（※夏普家用電腦）用遊戲圖稿等資料，試著製作得簡潔俐落。每個人對體型、造型、細節的喜好不同，我在製作前會收集各式資料，讓心目中的理想形象更清晰明確。各位也可以將腦中模樣繪成草稿，只要有助於讓想像凝聚成形即可。

## ■製作

我在修改體型時，很重視以站姿展示時是否也能顯得威風凜凜，這關鍵在於站立時線條的流暢度。不僅是從頭到腳的整體線條，腿部本身也要確保從大腿至膝蓋、小腿、腳掌的線條能流暢相連。為大腿設置曲面；將小腿肚曲面修改成與散熱口自然連接的形狀；腳掌則是追加側向轉動軸，讓腳踝能自然地轉動方向。零件的形狀與細節也都是參考圖稿製作。頭部在保留屬於ν鋼彈特徵的馬臉形象之餘，製作得十分帥氣。看過比較照片後，應該就更易於理解哪些部位經過更動，還請各位務必一併閱覽！

## ■後記

這次試著以3D建模替換主體零件，近來有不少低價位高性能的3D列印機問世，甚至有免費CAD軟體可用，嘗試3D建模的門檻降低不少。這次只是將部分頭部和身體更換成3D列印零件，依然能做出完全符合個人喜好的獨一無二機體。還請各位盡情做出理想造型吧！

**廣瀨龍治**
ORIGIN CLUBM的年輕原型師。是個現在已經相當罕見，在《鋼彈》中偏好宇宙世紀系列的年輕人。

BANDAI SPIRITS 1/144 scale plastic kit
"High Grade UNIVERSAL CENTURY"

# MSN-04 SAZABI

modeled&described by MATSU-O-JI(firstAge)

## 修蓋腰部一帶 讓站姿更帥氣威風

接著要介紹HG版沙薩比的範例。這款套件在2008年6月問世，與HG版ν鋼彈幾乎可以算是同一個時期的強檔商品。不僅有著接合線不會外露的巧妙零件架構，還有著肩部噴射口和腹部MEGA粒子砲均以零件成形色來重現配色等設計，即使用現今的觀點來看，亦足以稱為對模型玩家十分友善的傑作。與先前的ν鋼彈不同，這件範例是以力求發揮套件本身特色為方向進行製作的。經由調整頸部、腰部一帶等處的關節位置，造就能擺出威風凜凜站姿的沙薩比。在塗裝方面也保留運用底色所營造出的陰影，進而展現出既具厚重感又高貴的形象。

BANDAI SPIRITS
1/144比例 塑膠套件
「HGUC」X
MSN-04 沙薩比
製作·文／まつおーじ
（firstAge）

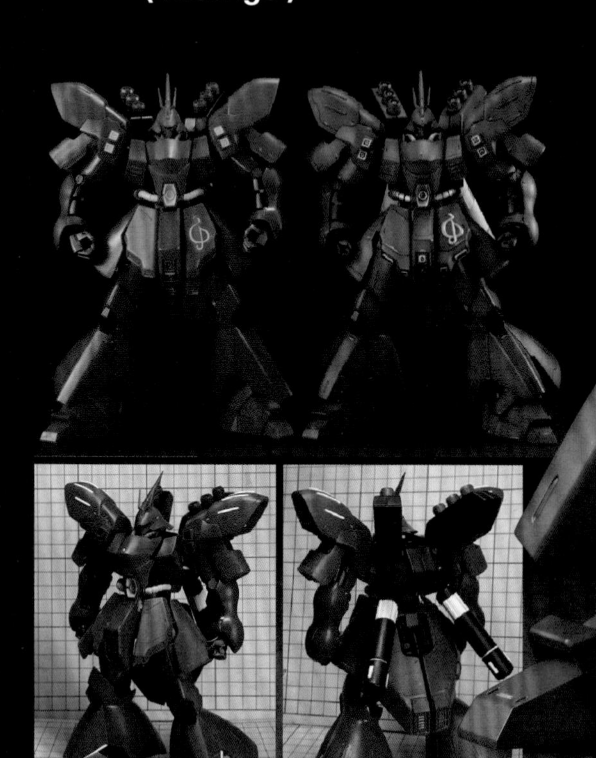

▲製作途中尚未噴塗底漆補土前狀態與套件素組狀態（上）的比較。由照片中可知，在保留套件本身的素質之餘，亦經由改變關節的位置、為裝甲添加細部修飾，以及塗裝表現等手法，營造出更具重量感且有著高密度的形象。

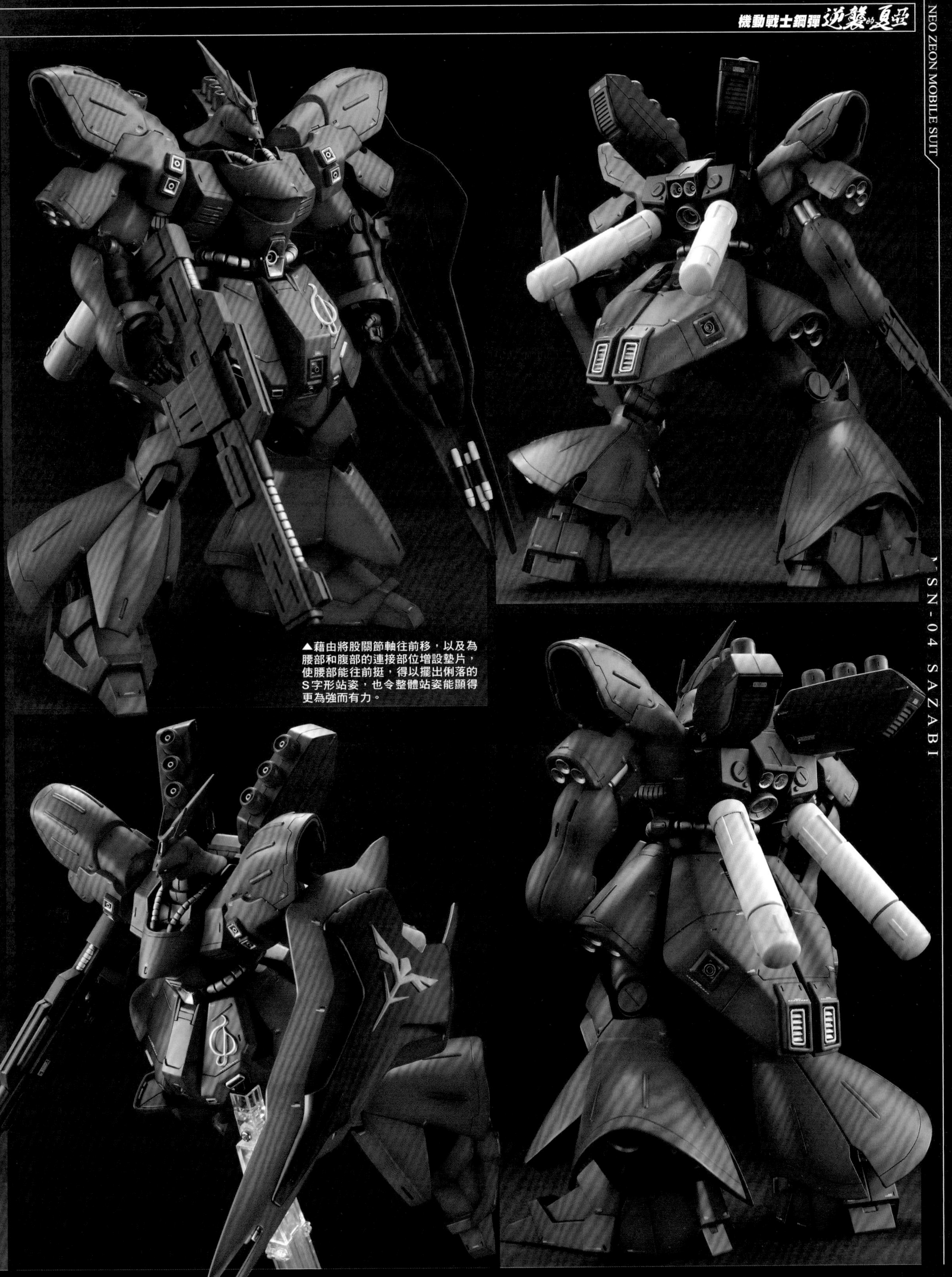

▲藉由將股關節軸往前移，以及為腰部和腹部的連接部位增設墊片，使腰部能往前挺，得以擺出俐落的S字形站姿，也令整體站姿能顯得更為強而有力。

▼套件中所附屬的武裝全都製作了，透明光束刃藉由施加光影塗裝營造出宛如在發光的效果，感應砲則是將砲口分色塗裝成黃色作為點綴。另外，護盾上新吉翁標誌改用塑膠板重製成浮雕狀。

COLORING D
紅＝特級紅
金＝純金屬質感粉末2435金
（GREEN STUFF WORLD製）
黑＝午夜藍
機械部位＝石墨黑
透明漆＝Ex-特製消光透明漆

◀感應砲武器櫃可開闔，能呈現發射感應砲前的狀態。另外，只要取下腰部中央區塊底面的散熱口零件，即可看到直徑3㎜的組裝槽，該處可供連另外販售的可動展示架，能藉此展示整架機體。

▲將套件原有的散熱口類部位削掉，換成市售改造零件。肩甲處的肋梁狀結構也改用塑膠材料重製，使這類部位能更具立體感。

▼為前裙甲內側裝設用塑膠板和市售改造零件做出的蓋狀零件作為細部修飾。

▶將增裝燃料槽用塑膠管等材料加以延長。顏色也改成白色作為點綴。光束散彈步槍則是用塑膠材料延長槍管，使尺寸能顯得大一點。

■徹底修改？

這次的主題是徹底修改HG（UC）版沙薩比，可是一旦做成高精密度細部結構風格，就和RG沒兩樣了。我為此苦惱許久，都沒能獲得好靈感……最後只好往修改成心目中理想沙薩比形象的方向去製作。將體型修改成能擺出帥氣S字形站姿之餘，亦適度地追加細部結構。力求造就出符合夏亞、總帥、大魔王這幾個身分，既具厚重感又有格調的整體氣氛。

■製作

我在修改體型上著重於腰部一帶，將股關節軸從基座骨架上分割開來，位置往前移約5㎜。腹部與腰部的銜接處用塑膠板增添楔形墊片，使腰部往前挺。這樣一來，後裙甲會顯得偏下、空隙醒目，於是我將組裝用軸棒分割並上下顛倒固定，調整後裙甲位置。肩甲在零件厚度許可範圍內進行削磨，使形狀符合我的個人喜好。為了讓肩甲能後傾，我削掉會和身體彼此干涉處，將肩關節的軟膠零件削薄，使軸棒的組裝位置往前，擴大後傾幅度，避免手臂過於偏向後方且下垂。由於覺得頭部太小、感覺陷進身體裡，我將頸部延長、修改軸棒位置。原有的小腿裝甲看起來既直又長，似乎缺點韻味，於是我從中削出楔形缺口，經由強行彎折固定來改變輪廓。為了營造出威嚴與格調，前裙甲上夏亞的簡寫標誌、護盾上新吉翁標誌均改用塑膠板製作。各噴射口則是用電雕刀搭配刀頭等工具將邊緣削薄，增裝燃料槽、步槍亦用塑膠材料加以延長。另外，手掌換成如今市面上很罕見的「高精密度機械手」。

■塗裝

為了營造出厚重且經久使用、又不會髒兮兮的感覺，我以氧化紅作為底色，用粉紅色底漆補土施加光影塗裝，以沾取溶劑的漆筆輕輕抹過，做出磨損般的斑駁痕跡。接著參考施加B＆W和晶瑩塗裝的模樣，用遮蓋力較弱的紅色覆蓋塗裝。推進器、噴射口、MEGA粒子砲、動力管等處採用金色來呈現，表現出高貴形象。為了避免警告標誌過於搶眼，盡可能使用小一點的圖樣，這部分主要使用Vertex製產品。

**まつおーじ**
最近熱衷於推特的音訊空間機能，不時會在那裡出沒。請各位有空時要來玩喔。

# 將吉姆III塗裝成傑鋼配色 並且施加適合太空環境的舊化

雖然吉姆Ⅲ的出處是《機動戰士鋼彈ZZ》，不過在《逆襲的夏亞》中，這個機種也有在阿克西斯後半部開始往地球墜落的故事尾聲登場。為了阻止阿克西斯墜落，它們紛紛趕往ν鋼彈身邊相助。儘管在這裡登場的吉姆Ⅲ就配色來說和《ZZ》中一樣，屬於整體以白色為基調，只有胸部和靴子部位為淺綠色的機體，不過本範例則是基於「應該也有這種配色的機體吧？」這種假設性構想來塗裝成傑鋼配色。不僅如此，更施加符合太空這個運用環境的舊化，還請各位仔細欣賞品味。

BANDAI SPIRITS 1/144 scale plastic kit
"High Grade UNIVERSAL CENTURY"

## RGM-86R GMⅢ

modeled&described by Yoshitaka CHOTOKU

BANDAI SPIRITS 1/144比例 塑膠套件
「HGUC」

## RGM-86R 吉姆Ⅲ

製作·文／長德佳崇

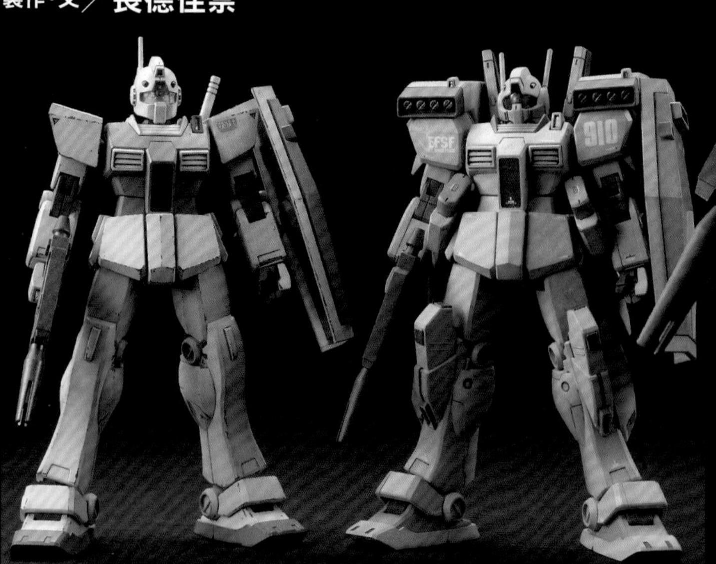

▲與HG版吉姆Ⅱ（幽谷配色）（製作／木村學）的合照。吉姆Ⅲ與它在頭部、肩甲、小腿等處的造型都不同，就連推進背包也換成與鋼彈Mk-Ⅱ相同的型號。

◀這款套件的飛彈莢艙、大型飛彈發射器也能取下。

TOPICS

## 能因應狀況更換選配式裝備來強化武裝的吉姆Ⅱ發展型機種

在機體各部位都設有武裝掛架，能因應狀況更換複數的選配式裝備，這可說是吉姆Ⅲ的特徵所在，後來的武裝強化型傑鋼也沿襲肩部飛彈莢艙這個裝備。

▲肩部的飛彈莢艙、腰部的大型飛彈發射器為選配式裝備，基本兵裝則是攜帶光束步槍和護盾。

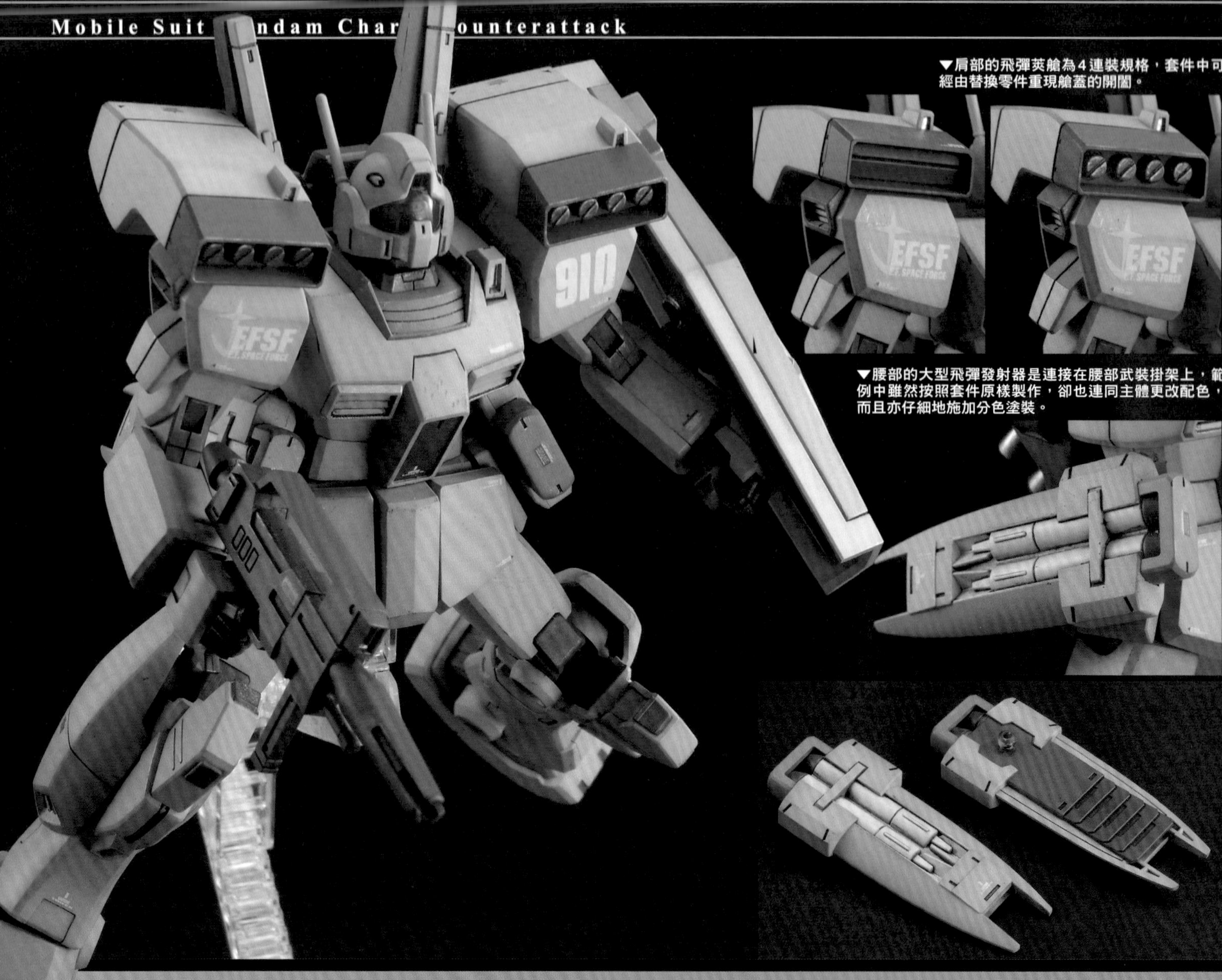


▼肩部的飛彈莢艙為4連裝規格，套件中可經由替換零件重現艙蓋的開闔。

▼腰部的大型飛彈發射器是連接在腰部武裝掛架上，範例中雖然按照套件原樣製作，卻也連同主體更改配色，而且亦仔細地施加分色塗裝。

## 以身處太空為前提的舊化

這次也要施加身處太空環境的舊化。首先用C8號銀色對整體進行乾刷。我的重點在於乾刷前要先把漆筆擦拭到幾乎不留任何塗料。進行第一道刷掃時，稜邊幾乎看不出有沾附任何塗料，不過反覆掃幾次，就能在稜邊頂點上隱約看出具銳利感的乾刷效果。尤其是1/144比例模型，添加汙漬的尺寸不能過大，需要避免做過頭。只要用這個方法處理，即可巧妙地拿捏效果。

接著用德國灰追加掉漆痕跡，以細漆筆和牙籤沾取塗料來描繪。一邊設想哪邊容易摩擦或碰撞到，一邊動手描繪出掉漆痕跡，這樣做真的很有意思呢！

這次還進一步在零件表面上薄薄地塗佈Mr.舊化漆的多功能白，藉此追加褪色的濾化效果。用漆筆薄薄地塗佈多功能白，等到呈現半乾燥狀態，就拿沾取專用溶劑的面紙擦掉多餘塗料。切忌用面紙上下擦拭，應用拍塗的方式，這樣會更易於留下紋理、增加視覺資訊量。

最後用燒鐵色乾刷局部即可。

◀▲將胸部散熱口的風葉削磨得更具銳利感。

◀▼比照胸部散熱口的風葉，用平頭雕刻刀對腿部外側推進器的風葉進行斜向雕刻，藉此讓該處能顯得更深，包含小腿肚處推進器的骨架部位必須夾組在內，不過為了便於分色塗裝起見，因此修改成可以分件組裝的形式。

▼護盾和光束步槍均按照套件原樣製作完成，護盾僅以主體為準更改配色。

RGM-86R GMⅢ

## COLORING DATA

主體色綠＝gaiacolor 018 翡翠綠＋C26號・鴨蛋綠
機體色灰＝主體色綠＋C331號・暗海灰少許
駕駛艙等處的紅＝C108號・人物紅
推進器內部等處的橙＝gaiacolor 028 橙黃色
關節、骨架色＝C331號・暗海灰
推進器等處的金屬色＝Mr.金屬漆暗鐵色
※未特別說明者均是使用GSI Creos製Mr.COLOR

這次我擔綱製作的是吉姆Ⅲ。相信不少讀者會很困惑，但這個機種確實在推阿克西斯的場面中出現過喔。儘管動畫中是採用大家所熟悉的配色，不過一想到它是部署在已開始運用傑鋼的部隊裡，考量到庫存塗料等問題，就覺得或許會有塗裝成傑鋼配色的吉姆Ⅲ存在吧？因此採用了傑鋼配色。請大家一路看到最後囉！

### ■組裝吉姆

首先是經由試組來確認各部位的架構。吉姆Ⅲ這款套件的零件架構極為精良，能夠流暢地從組裝一路進行到上色階段。不過只有一處頗令人在意，那就是踝關節必須在先組裝好軟膠零件的情況下夾組於小腿左右零件之間。不過其實只要把該零件上側的凸起部位給削掉，即可從小腿背面分件組裝。

儘管在可動性方面沒有問題，整體造型也還不錯，但胸部散熱口和腿部推進器這兩處的風葉結構都顯得太淺，於是便將該處重雕得更深且具銳利感。胸部是用鑿刀將風葉之間的溝槽雕得更深，腿部則是用平頭雕刻刀斜向雕刻得更深。雖然只是小小加工一下的點綴性作業，在賦予立體感和提高整體解析度方面卻能發揮很大的效果。

### ■塗裝

這次是改為塗裝成傑鋼配色，為了決定各個部位該分別塗成哪種顏色，首先還是藉由在設定圖稿上著色來進行規劃。即使不是很精確，只要能在視覺上確認各個部位分別要使用哪些顏色就行，這樣一來就算到塗裝階段後也不會迷惘，能夠流暢地進行下去，著色畫還真是出人意料地不能小看呢。尤其是以這次的膝裝甲處紅色和灰色，還有推進器的橙黃色等細部來說，由於已經事先有個印象在，因此能夠放心地進行塗裝。

附帶一提，攝影機的透明零件是經由在透明綠表面噴塗透明藍來改變顏色，等塗裝完成後就陸續黏貼水貼紙、噴塗消光透明漆，這樣一來基礎塗裝作業也就大功告成。

**長德佳崇**
除了擅長比例模型之外，對於鋼彈模型等各式題材也都很拿手的全能模型師。

**超級跑車 No.16**
**1/24**
**1975 Wolf Countach**
**Ver.1 4,620日圓**

這款Countach是由F1車隊老闆沃爾特・沃爾夫委託藍寶堅尼公司製造的，備有尾翼、輪拱等外裝，引擎據說也「換裝為5L」。

# 櫻井信之的 週休2日就能做到此等境界！

## 第10回 超級跑車No.16 1/24 1975 Wolf Countach Ver.1

為了諸多欠缺自由運用時間的社會人士，職業模型師櫻井信之要介紹既省時又能做出精湛作品的技法！這次要以青島文化教材社製「超級跑車」系列近期新作Wolf Countach為主題進行講解。對於1970年代時還在上小學的讀者們來說，這款超跑風潮中的「主角」，肯定是難以忘懷的存在，一起來充分地享受製作這款套件的樂趣吧。

## 製作車身

**在這之後要以90分鐘為間隔，花費8～9小時分成數次噴塗透明漆層（共計13小時）**

儘管組裝說明書中通常是按照底盤、內裝的順序來指示組裝流程，不過這次為了節省時間起見，要改為從車身製作起。在這之後則是進行基本塗裝＆噴塗透明漆層，並且利用等候乾燥的期間來製作底盤和內裝等部分。因此第1天得一路做到噴塗最後一道透明漆層（最初的12個小時）。

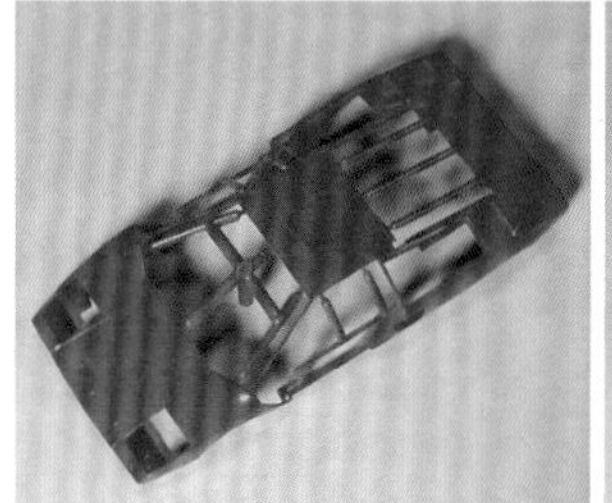
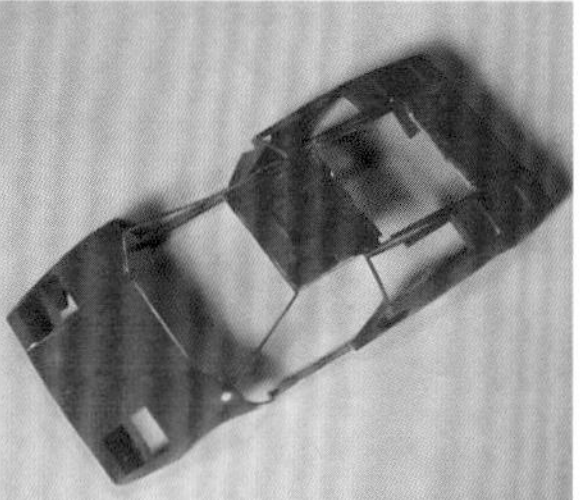

▲車輛模型的車身零件中，撇除少數形狀特殊的車款，幾乎都為一體成形的零件。這款套件也一樣，除了車門、引擎蓋、隱藏式頭燈等可動式或開闔選擇式部位，車身為一體成形的零件。不過為了確保塑膠原料能充分流進模具，車身內側設有框架（澆道），需謹慎地修剪，其中又以前擋風玻璃處的A柱格外容易破損，需特別留意。

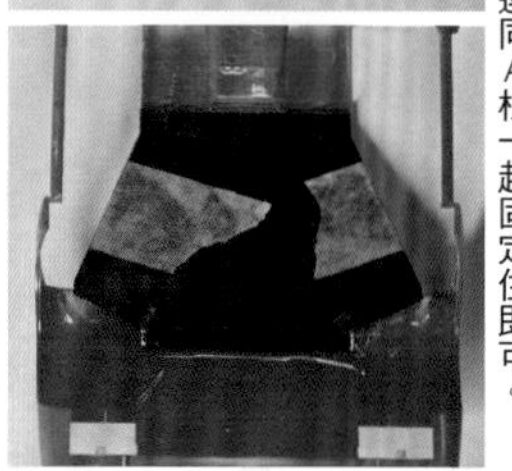

▲為了避免A柱破損，套件中附有修剪用的治具零件，在製作時要一路裝著它直到塗裝的前一夕。將它從車身內側用膠帶固定住後，只要進一步用遮蓋膠帶連同A柱一起固定住即可。

▲以車輛模型的車身零件來說，有時會在很獨特的地方設置分模線，打磨時可別遺漏，一定要仔細處理。就這款套件來看，分模線是設置在用麥克筆塗黑處，亦即從車頭處往後延伸，接著分岔為A柱和車身下側這兩條，然後到車尾又重新合為一條，可說是較為複雜的分模線，但同樣得仔細打磨。

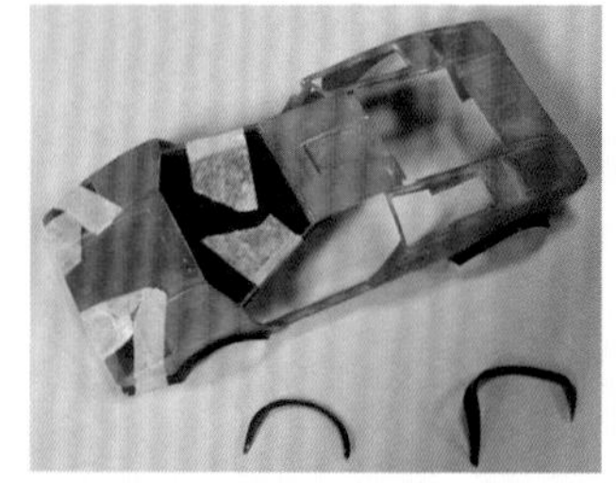

▲考量到輪拱處可能會產生縫隙，得在這個時間點裝設，並且進行無縫處理。等到上色後再裝設的話，會有膠水之類黏合材料外溢的風險，因此這樣做比較保險。

▲不僅是處理分模線和收縮凹陷，仔細地為車身零件進行表面處理也不可或缺。噴塗底漆補土→打磨→噴塗底漆補土……總之要反覆進行這些步驟並仔細打磨。為了噴塗作為主體色的紅色所需，最後還要噴塗粉紅色作為底色，這方面當然只要選擇噴塗粉紅色底漆補土來收尾就好。

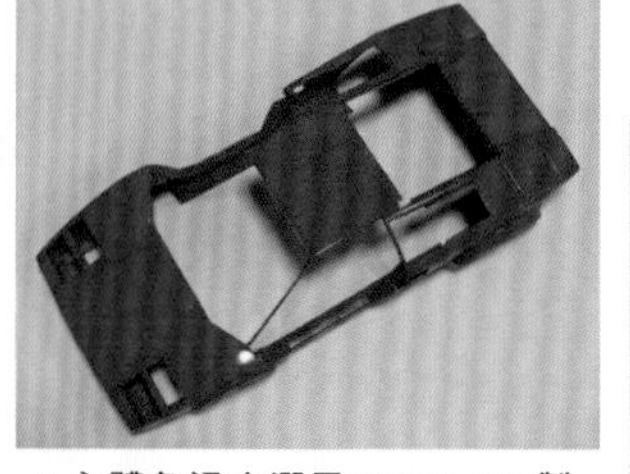

▲主體色這次選用Finisher's製「富豪紅」。以「紅」這種顏色的特性來說，要是噴塗覆蓋太多層，顏色會顯得較暗沉且混濁，因此整體最好是控制在噴塗2～3層就能完成的程度。

▲標誌之類需要黏貼在車身上的水貼紙要在這個時間點黏貼好，為了確保能密合黏貼在車身上，最好是搭配水貼紙膠水之類的材料使用。

◀開始噴塗透明漆。現階段只是要營造出保護水貼紙用的透明漆層，並非以營造出光澤感為目的，輕輕地噴塗2～3層即可。由於僅是作為保護層，因此按照一般的稀釋率來稀釋透明漆就OK。

▲若是沾附到灰塵之類雜物時，就用1500號左右的砂紙輕輕磨掉。若想處理水貼紙造成的高低落差，可趁這時進行中層研磨。

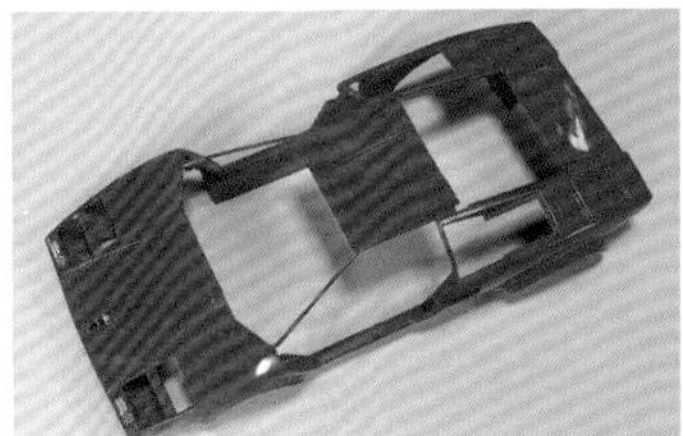

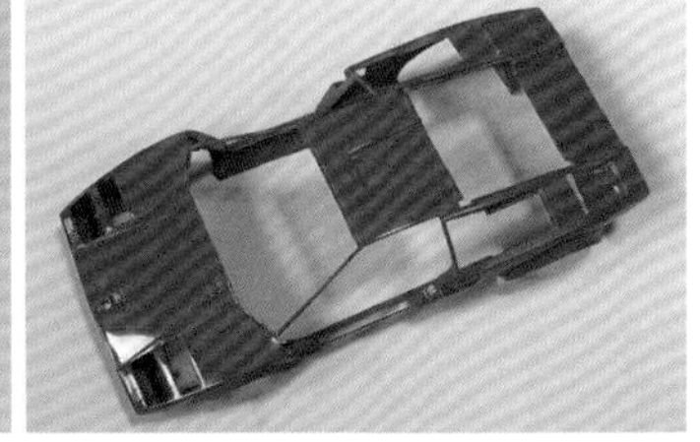

▲透明漆層要以每次間隔90～120分鐘的形式反覆噴塗，此時要把透明漆調得比平時更稀，力求噴塗出平整光滑的漆膜。左圖是進行過中層研磨、噴塗第2次透明漆層的狀態；右圖是噴塗第7次透明漆層後的狀態。由圖可知，已營造出明確的光澤感。等待乾燥的期間，可以進行其他區塊的組裝或塗裝作業。

## STEP 2 製作內裝部位

4小時

在反覆進行為車身噴塗透明漆→等待乾燥的這段空檔，可以開始製作內裝部位。除了有別於一般車輛的特殊內裝之外，還要經由追加賽車型安全帶之類零件作為細部修飾。這方面是拿專用蝕刻片零件之類材料來呈現，為了在完成後也能打開車門欣賞內部，這類細部也得花心思製作。

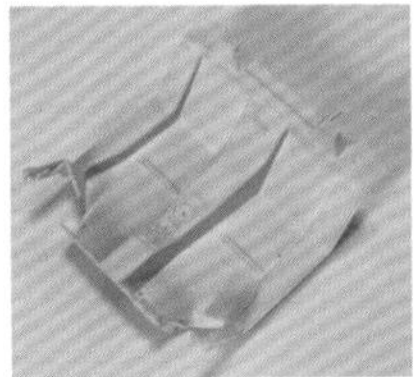

◀在內裝方面，為了表現出高級皮革的柔軟感，在此要從拿車輛模型甚少用到的暗沉色來施加光影塗裝著手，也就是先噴塗底漆補土，再噴塗桃花心木色作為底色，接著用木棕色、木棕色＋沙棕色施加2階段的光影塗裝。

◀內裝裡頭也用蝕刻片零件添加細部修飾，雖然排檔桿防塵蓋是塗裝成黑色，不過其他部位則是保留不鏽鋼的質感，並未施加塗裝。另外，有一部分的蝕刻片零件需要進行彎折加工。

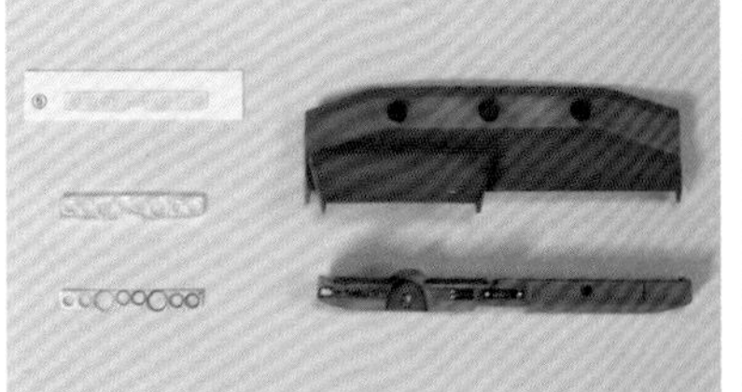

▲儀表板一帶最好也要仔細地塗裝細部，藉此提升密度感。左側的7個指示燈象徵著煞車警告、燈號切換、警示燈等功能。

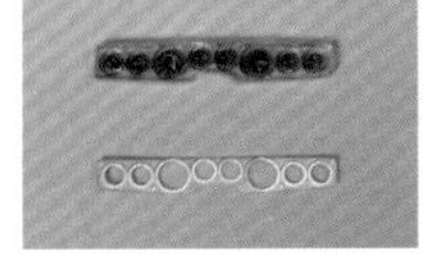

◀計量表水貼紙與一般的不同，得黏貼在透明零件的背面。因此水貼紙的膜面印刷為鏡像圖案，屬於印製在朝著底紙這一側的特殊形式。雖然從表面上來看像是只印了白色圖樣，不過一旦黏貼到透明零件背面，看起來就是正向圖案，給人很神奇的感覺呢。

▲為透明零件黏貼水貼紙後，再把蝕刻片零件黏貼到它的表面上，這樣看起來就像是實物一樣。設有當時F1使用的手工打造小型方向盤，這也是Wolf Countach的特徵之一。

### POINT 洗掉電鍍層

鹵素類漂白劑

儘管套件中附屬經過電鍍並施加塗裝的零件，不過視狀況而定，有時自行重新塗裝會顯得更為美觀。為了做到這點，設法洗掉電鍍層是不可或缺的。想洗掉電鍍層，就得用鹵素類漂白劑。雖然用假牙清潔劑也可以，不過漂白劑會便宜許多。

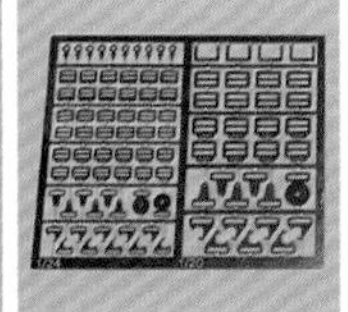

◀▲安全帶選用另外販售的零件，有別於一般車輛，Wolf Countach是採用WILLANS製藍色的4點固定式軀體安全帶，因此這部分選用由布質貼片製安全帶搭配蝕刻片與白合金製帶扣而成的套件。

▲駕駛艙完成。經過細膩的分色塗裝，製作好安全帶等繁複作業後，充分反映出投注其中的心血。

## STEP 3 製作引擎＆底盤＆蝕刻片零件等部位

5小時

這款套件中連引擎內部都精密地重現，還有著在完成後也能掀開引擎蓋欣賞內部的構造。雖然就算按照套件原樣製作，只要有踏實地分色塗裝，即可精密地重現，不過在此還是要搭配專用蝕刻片零件和配管等材料，進而重現作為特徵所在的V型12汽缸DOHC引擎。

▲首先是製作引擎的基本區塊，這方面也要參考組裝說明書的指示和相關資料來分色塗裝。

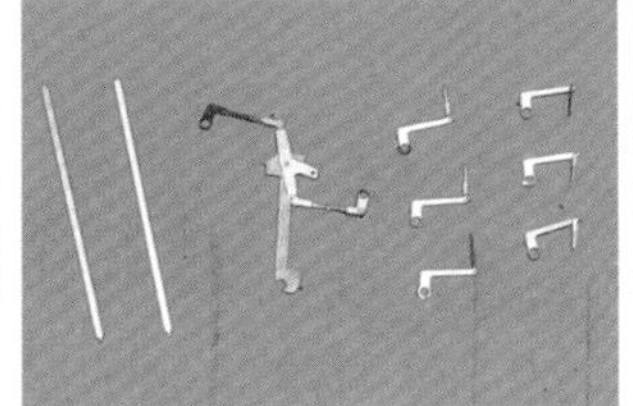

▲節流閥等細小零件換成蝕刻片零件作為細部修飾，雖然決定組裝位置的作業頗有難度，但對於打算欣賞引擎室的人來說，這是一定要努力完成的部分。

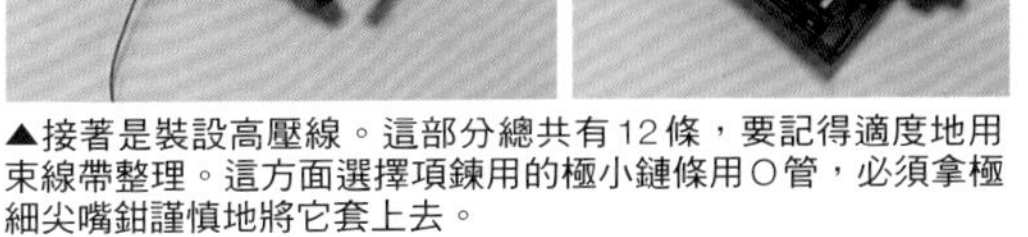

▲接著是裝設高壓線。這部分總共有12條，要記得適度地用束線帶整理。這方面選擇項鍊用的極小鏈條用O管，必須拿極細尖嘴鉗謹慎地將它套上去。

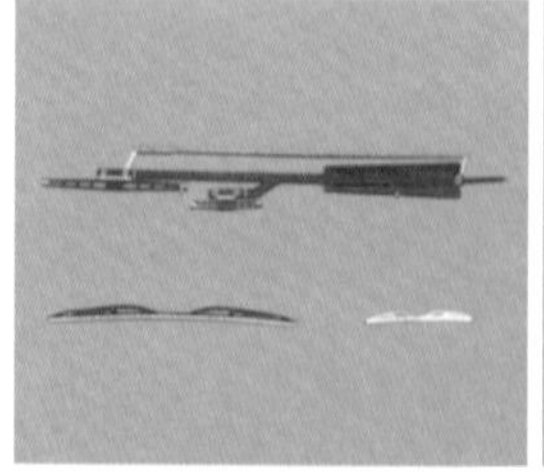

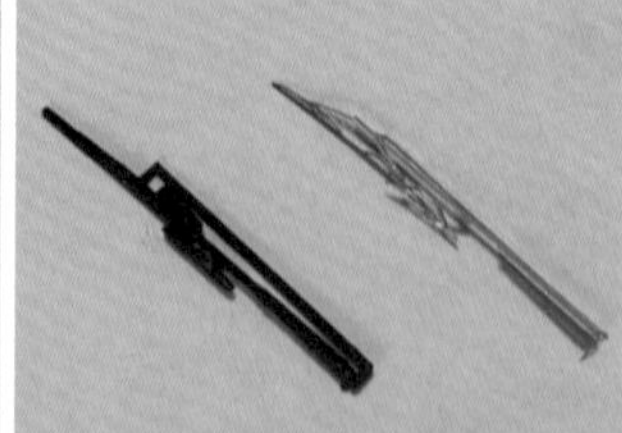

▲雨刷也要更換成蝕刻片零件，由於Countach的雨刷較獨特，一般車輛的並不適用，因此得選擇專用的產品。由3片蝕刻片零件構成的雨刷要謹慎地用瞬間膠進行點狀黏合組裝，與塑膠製零件相比較後，其精密感可說是一目瞭然。以蝕刻片這類素材來說，這是最能展現效果的部位呢。

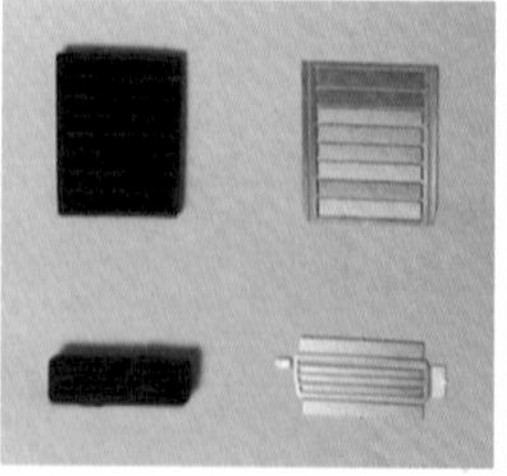

▲各種散熱口等處的風葉也都換成蝕刻片零件，改為使用既薄又具銳利感的蝕刻片零件，看起來也比塑膠零件更具寫實感。將四個邊折成箱形後，再把風葉折成所需的角度，這樣即可寫實地重現。不過要是反覆調整風葉的角度，該處可能會斷裂，因此要慎重地一舉折好角度。

▲▶煞車碟也是換成蝕刻片零件，這種不鏽鋼零件的金屬感就算不塗裝也十分相配。由於是正廠的蝕刻片零件，因此組裝密合度也極為完美。

## POINT 專用蝕刻片零件

1/24 藍寶堅尼 Countach 專用細部修飾零件套組（2,200日圓）

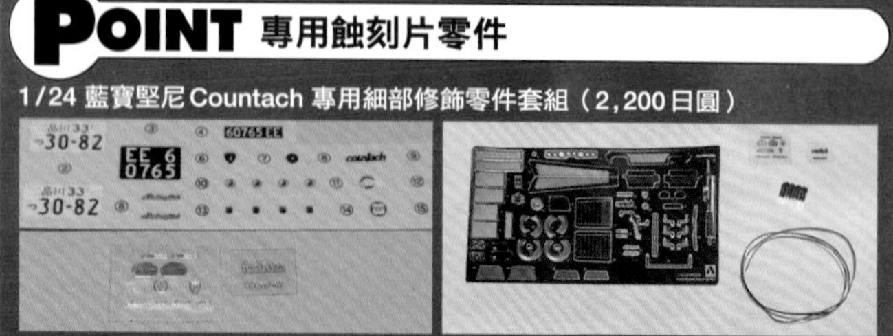


這是青島文化教材社推出的正廠細部修飾零件套組。蝕刻片零件為不鏽鋼製，不易彎折，既薄又堅韌。除了蝕刻片零件之外，尚有不鏽鋼製排氣管、引擎線路及涂面貼紙等豪華內容，可說是相當值得推薦搭配使用的改造零件。

## STEP 4 其他零件的加工＆塗裝 3小時

裝設於車身上的半光澤黑零件，因光澤感與主體的光澤黑不同，需另行製作與塗裝。不過考量到會造成漆膜剝落等風險，蝕刻片零件並不適合施加遮蓋塗裝。此外，散熱口和尾翼等部位會妨礙到噴塗出平整光滑的透明漆層，需留待最後階段再進行組裝比較保險。

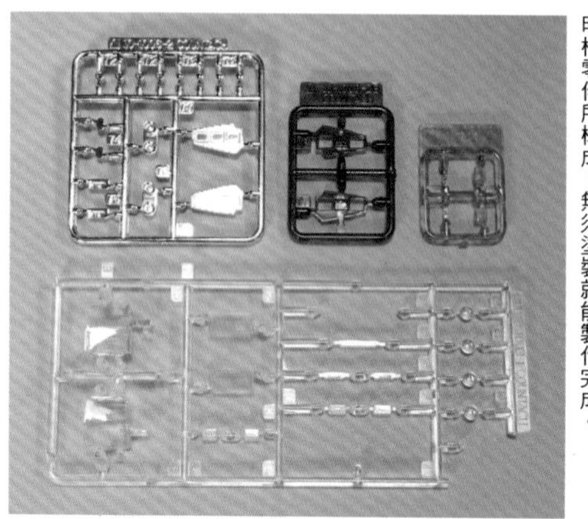

◀充滿個性的車尾燈是由透明零件、透明紅零件、透明橙零件所構成，無須塗裝就能製作完成。

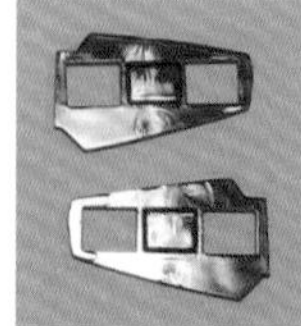
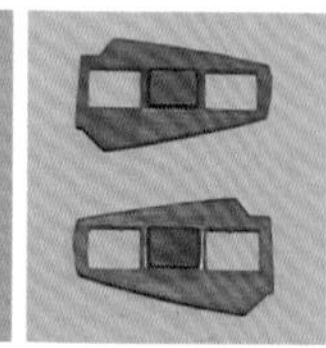

◀不過若遇到水紋較顯眼的情況，其實也只要輕輕地打磨平滑即可。

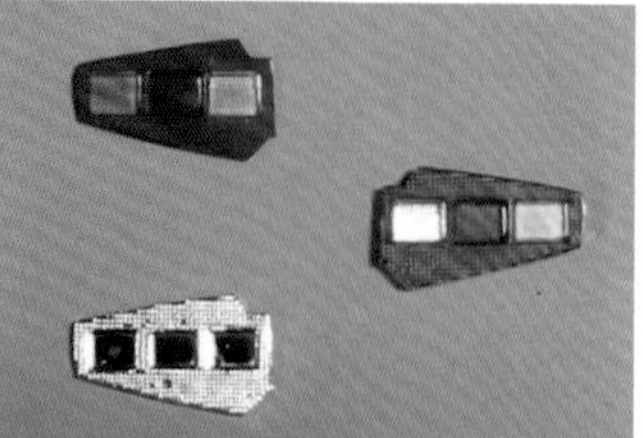

◀這部分屬於組裝完成後，還要將電鍍零件組裝到背面，藉此形成反射板的構造。

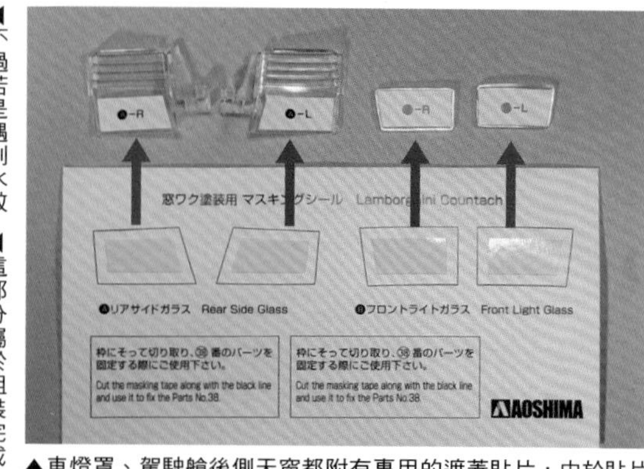


▲車燈罩、駕駛艙後側天窗都附有專用的遮蓋貼片，由於貼片本身已經開好刀模，因此只要謹慎地剝起來黏貼到零件上即可。

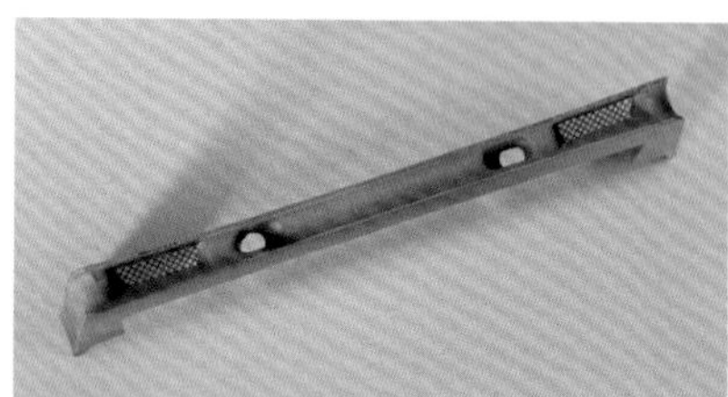

▲雖然前擋泥板處開口部位屬於要黏貼尼龍網構造，不過也同樣換成蝕刻片零件。

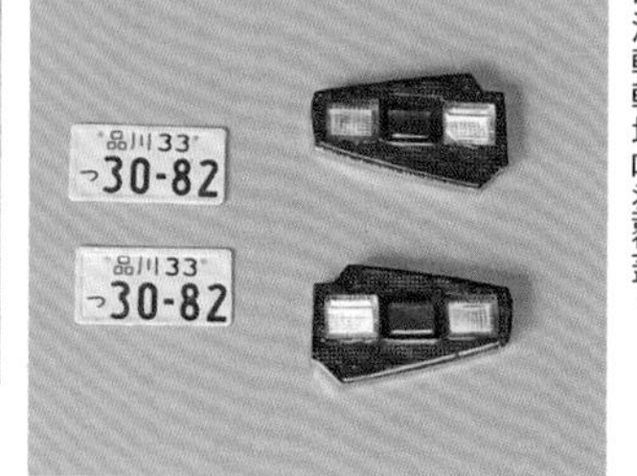


◀車牌也是選用極薄蝕刻片零件搭配水貼紙來呈現，由於號碼本身是特定的，因此選用了現今的版本，這部分連同車尾燈都用透明漆輕輕地噴塗覆蓋。

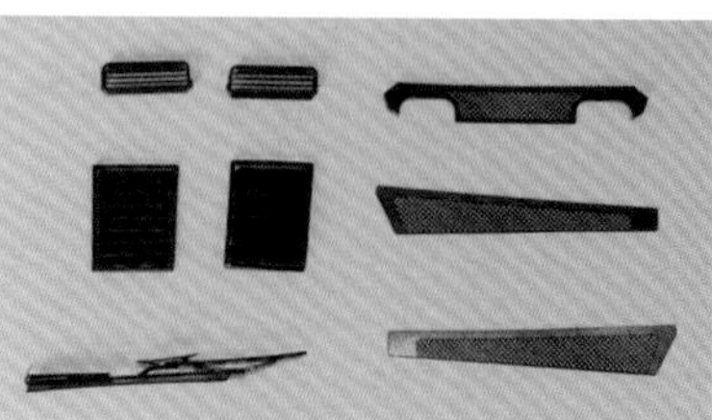

▲引擎蓋側面通風網等處的蝕刻片零件也塗裝成黑色，待車身乾燥後再進行組裝。塑膠零件一樣，先塗裝成黑色，等到最後階段才組裝。

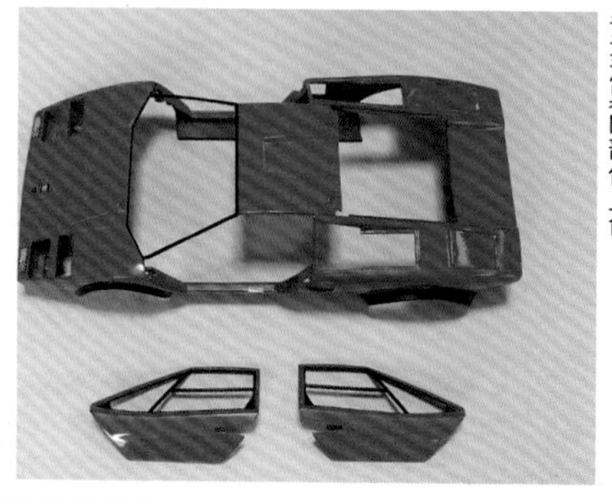

◀等分成數次噴塗的透明漆層已經充分乾燥後，就用遮蓋塗裝方式為窗框和輪拱等半光澤黑的部位上色。

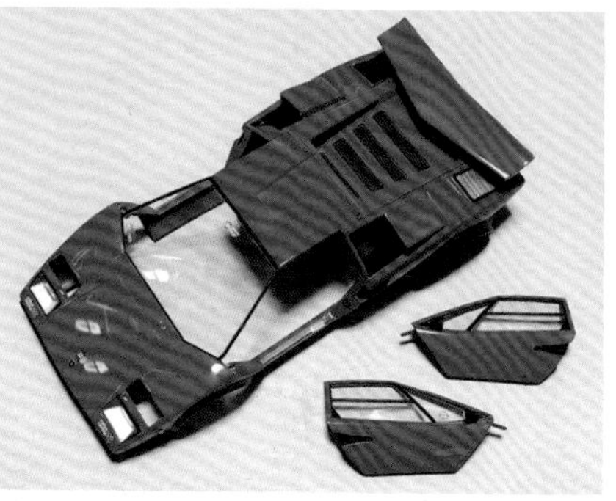

◀再來是將包含塑膠製與蝕刻片零件在內的黑色零件、散熱器格柵和尾翼等零件組裝上去，這麼一來車身就完成了。

◀為底盤零件裝設經過細部修飾的引擎區塊和駕駛艙，接著是慎重地套上車身零件，就大功告成。

在我們心中馳騁而過的真正超跑
Lamborghini
Wolf Countach Version 1
AOSHIMA 1/24 scale plastic kit
modeled&described by Nobuyuki SAKURAI
在這張座席上曾有沃爾特・沃爾夫、知名演員松田優作乘坐過……也是全世界僅有一輛的特製超跑，這才是正宗的超級跑車。在位於車頭中央的藍寶堅尼標誌上方，尚有象徵著屬於F1車隊老闆沃爾特・沃爾夫的標誌。至於位在組合前照燈前方的貼紙，則是出自當年唯一採訪過沃爾特・沃爾夫的媒體《拉力賽事》這本雜誌。由於該貼紙有推出重製品，因此便買新的來黏貼。
超級跑車 No.16
1/24 1975 Wolf Countach Ver.1
●發售商／青島文化教材社
●4,620日圓，發售中
●1/24●塑膠套件
rallye racing
rallye racing

▼大型雨刷換成蝕刻片零件，從座席上來看雨刷的動作時，或許會產生有人拿刀在眼前晃來晃去的感覺吧……

**櫻井信之**
活躍於各式媒體的模型傳教師，精通製作各種領域的模型。

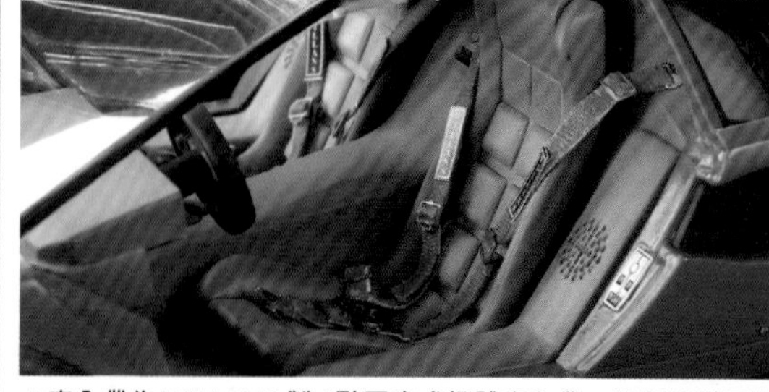

▲安全帶為WILLANS製4點固定式軀體安全帶，這部分選用第三方製改造零件來添加細部修飾。

▲內裝的各部位都是使用正廠蝕刻片零件來添加細部修飾，方向盤為當時F1使用的手工打造產品，因此尺寸比LP400的小。

▲輪胎尺寸選擇裝設205/50-15的倍耐力P7，BRAVO輪圈在日後列為正規零件，不過第一個裝設的，正是這輛Wolf 1號車。

▲這是引擎室，不僅使用蝕刻片零件，還裝設12條高壓線等零件，添加精緻的細部修飾。

▼這次還同時製作FUJIMI模型推出的「1/24寫實跑車系列 法拉利365GT4/BB」。當時和藍寶堅尼Countach受到同等熱愛的，正是這款法拉利365GT4/BB，這可是足以象徵1977年當時超跑風潮的2大主角呢。

▲Countach的車尾組合燈在設計上極具個性。相對地，365GT4/BB的車尾燈為圓形，而且是左右各3個，共計6個。配合排氣量限制規定所研發的後繼車款512BB在外觀上差異最大之處，就屬車尾燈這裡修改成左右各2個，共計4個這點。

Wolf Countach——1977年的超跑風潮中被稱為「Countach LP 500S」的這款車，乃是由加拿大石油大亨兼F1車隊老闆的沃爾特・沃爾夫向藍寶堅尼訂製，全世界僅此一輛。1977年5月於晴海國際中心舉辦的「SUNSTAR 超級跑車世界名車收藏展77」親眼看到這輛車時，內心受到的震撼令我至今難忘。之前由Auto Roman公司引進、在松田優作主演的硬派電影《顫慄獵殺》登場一事也極為有名。此後，歷經某位宗教人士和幾位收藏家持有後，如今由為諸多日本藍寶堅尼收藏家提供協助的Automobili Veloce公司老闆花費2年時光處理，將內外裝都完美修復到與當年一樣的狀態。

相較於最初的市售車款LP400，Wolf Countach從車身大幅往外凸出的輪拱、大型尾翼、加大尺寸的輪圈和輪胎等各方面都顯得更具攻擊性，當年可說是無數小孩的憧憬對象。日後發表的LP400S・LP5000S・Quattrovalvole（4閥門）車款，也確實沿襲Wolf Countach的外形。這輛超跑打從誕生之初便宣告搭載有5L引擎，因此被稱為「LP500S」，但根據研發人員透露，其實5L引擎等設備並非一開始就有，因此現今將之稱為「Wolf Countach 1號車」。然而其動力系統究竟為何，就連現今持有人也表示「在引擎需要更換的那天來臨前，都會是未解之謎」。

和不幸在意外事故中燒毀的藍寶堅尼「J」一樣，這輛車僅只1輛，可說是真正的「超級跑車」！

# 懷舊模型獵人 NATSUKASHI MOKEI HUNTER 第10回

## 主題 BANDAI 科幻機體檔案②

這次要繼續介紹BANDAI HOBBY事業部（現為BANDAI SPIRITS 模型事業部）在商品中附屬的科幻機體檔案。本單元在此要介紹《旋風勇士》和「高完成度模型（HCM）」這兩大主題。前者為商品原創企劃，以多媒體形式在《模型情報》上連載小說。後者則是自1984年起透過模型通路販售的完成品模型，這系列和塑膠模型一樣，屬於青少年以上取向的商品。

（協力／BANDAI SPIRITS 模型事業部 新規產品事業部）
（資料協力／青山彌生、安蒜利明、廣田惠介、TOY NERD DESIGN、市川正浩）

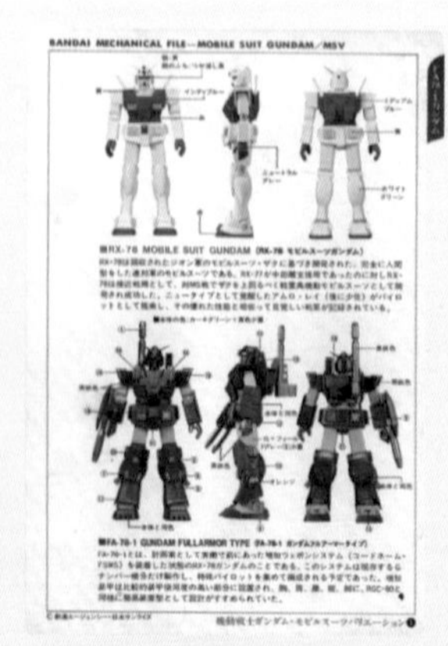

▲這是科幻機體檔案的基本形式（塑膠模型類），正面為4色印刷，刊載完成品和塗裝指南，背面則是刊載設定圖稿和機體設定等資料。不僅如此，甚至還記載發售年月份資料、商品全高，以及包裝盒畫稿作家，有著資料性相當豐富的內容。

※各科幻機體檔案的名稱基本上都是以原商品名稱為準

## 旋風勇士

◀ACT：4壯牛「黑暗野豬」精神感應型。這是ACT：1壯牛的衍生版本之一，為僅有護甲裝的零售版本。

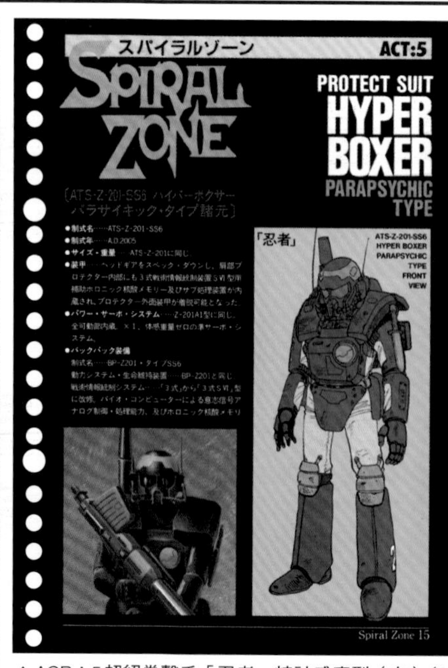

▲ACR：5超絕拳擊手「忍者」精神感應型（左）／ACT：6壯牛「機械頭」覆膜型。這些都是僅有護甲裝的商品，這系列的商品概念在於必須另外購買素體可動玩偶並穿上布製襯衣，才能進一步穿上各部位的護甲。

ACT:6 BULL SOLID COATING TYPE

▲這些是ACT：03、ACT：04、ACT：05的背面，文章為從正面一路延續到這裡的形式。

### 旋風勇士是什麼樣的作品

原點為原創科幻玩偶的商品企劃，除了有小說之外，亦製作廣播劇。不僅是本單元所介紹的商品，在壯牛、超絕拳擊手、哨兵熊、超絕拳擊手「水鎂石」等商品中也都附有科幻機體檔案。

Monthly BANDAI Making Journal 模型情報 10 1985
Monthly BANDAI Making Journal 模型情報 6 1986

◀▼ACT：9火箭砲背包，這也是另外販售的選配式裝備，這是可以將大型火箭砲摺疊起來收納的背包。

◀▲ACT：8個人用飛行器為懸浮模組，這是可供玩偶使用的零售版選配式裝備。

▲ACT：10單輪機車，這是旋風勇士系列尺寸最大的商品，可供另外販售的玩偶搭乘。這款商品還搭載懸吊機能，以玩具來說有著頗高的完成度。

◀▲單輪機車附有2份科幻機體檔案，也就是使用4頁的篇幅來解說相關設定。即使是在所有的科幻機體檔案中，這也是篇幅最長的解說文章。

# 高完成度模型①

## 高完成度模型是什麼樣的商品

高完成度模型是自1984年起發售的完成品系列，有別於同為完成品機器人玩具的「超合金」，這個系列著重在屬於塑膠模型的優點上，這次要介紹1984年度發售的所有商品。

▶右方圖片出自1984年的BANDAI慶典型錄，其中亦刊載未發售的吉姆加農。

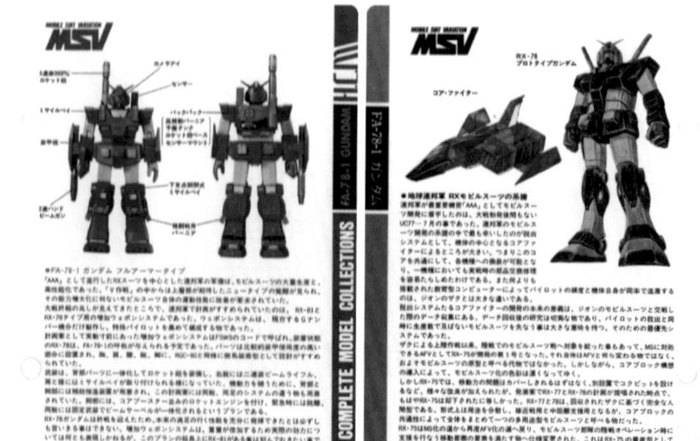

①HCM 1/144 全裝甲型鋼彈

②HCM 1/144 06R・薩克Ⅱ

③HCM 1/144 RV拜法姆

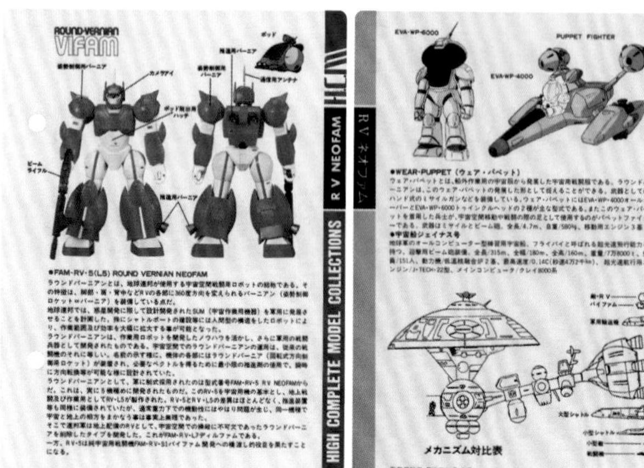

④HCM 1/144 RV新法姆

⑤HCM 1/144 德姆原型機

⑥HCM 1/144 傑爾古格加農

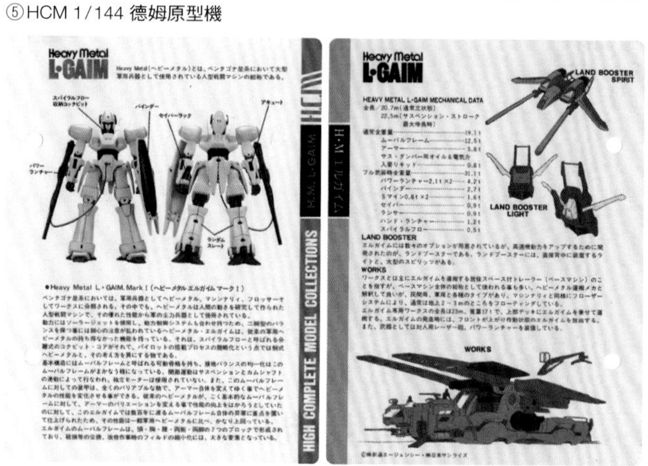

⑦HCM 1/144 艾爾鋼 重戰機Mk-Ⅰ

# 高完成度模型②

⑧HCM 1/144 RV拜法姆（附懸掛式推進器）

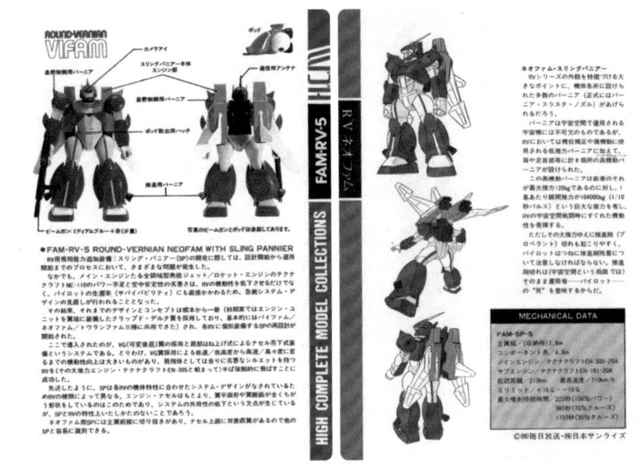

⑨HCM 1/144 RV新法姆（附懸掛式推進器）

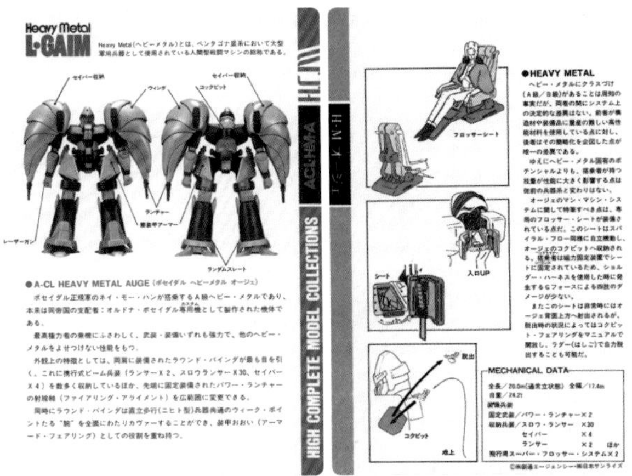

⑩HCM 1/144歐傑 波瑟達爾重戰機

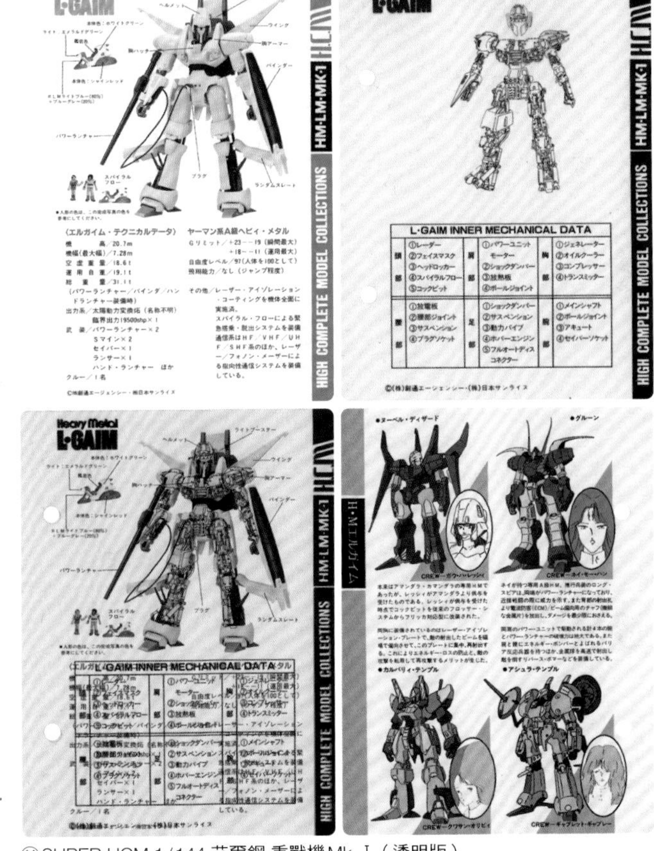

⑪SUPER HCM 1/144 艾爾鋼 重戰機 Mk-Ⅰ（透明版）

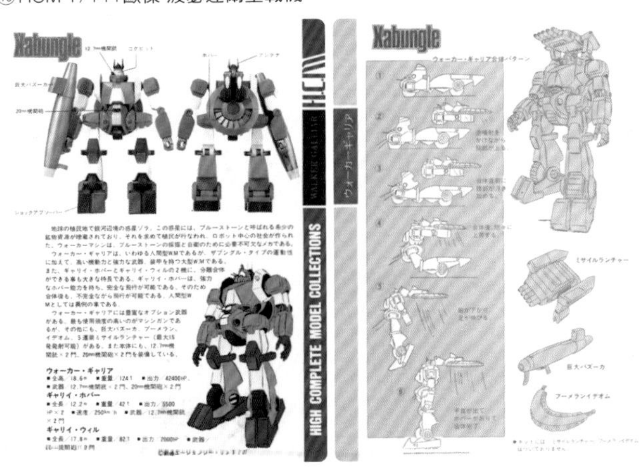

⑫HCM 1/144 W.M. 渥克凱利亞

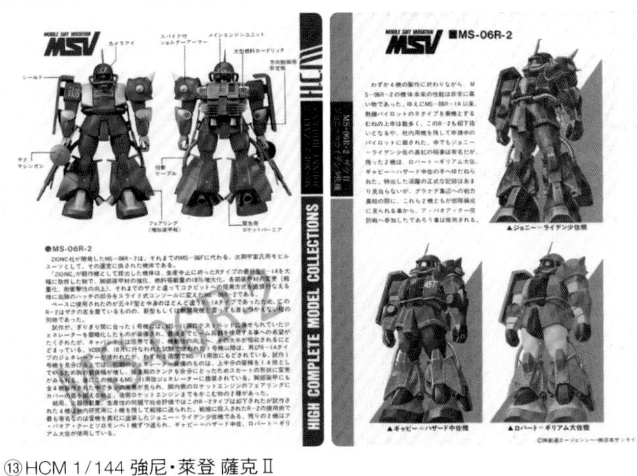

⑬HCM 1/144 強尼・萊登 薩克Ⅱ

⑭HCM 1/144 A級重戰機 艾爾鋼Mk-Ⅱ

# 機械設計師列傳

SPECIAL TALK Yasuhiro Nitta

## 第10回 新田康弘

《超人力霸王迪卡》在前陣子歡慶首播25週年，這部作品不僅是繼承自1966年起開播的《超人力霸王》系列，亦是為現今諸多次世代作品陣容奠定基本形式的超人力霸王系列名作。為該作品擔綱機械設計的，正是任職於PLEX公司的新田老師，他所構思的防衛隊各式機體當時風靡無數孩童。這次正是要請新田老師談談走向擔綱設計超人力霸王系列機體之路的經緯，同時也要請教他以工業設計師為目標的原點何在。

**Profile**

新田康弘■1963年3月24日出生於東京都。自設計學校畢業後，1983年進入日東科學公司任職，分派至企劃部設計團隊，便擔綱商品企劃和包裝盒設計。後來轉換跑道到NAMCO任職，憑藉這層經驗進入PLEX公司工作，自此開始參與以《超人力霸王迪卡》為首的超人力霸王系列機械設計。時至今日也仍在玩具研發和機械設計方面大顯身手。另外，亦是《Let's Draw Manga: Transforming Robots》（美國DMP公司發行）一書的作者。

### 學會業界基礎 日東時代

── 首先想請教您關於在日東科學（以下簡稱為日東）任職時期的事情。

我從設計專門學校畢業後，便以應屆畢業生身分求職，找招募設計師的公司，後來便進入日東科學任職。儘管我也有去家電和汽車廠商面試，但終究還是想在從小就很喜歡的模型領域工作。我是因為買了《太陽之牙達格拉姆》的塑膠模型，才從組裝說明書上知道日東這間公司。當時我就想著，如果能進這間公司，就能如願做自己喜歡的工作。記得那時是1983年，剛好是《機動戰士鋼彈》和《超時空要塞馬克羅斯》等塑膠模型引發瘋狂熱潮的時期。日東也和TAKARA（現為TAKARATOMY）合作，透過OEM（委外代工製造）的形式販售《太陽之牙達格拉姆》塑膠模型系列，自家品牌則是有推出《宇宙先鋒》、《微星小超人》、《鑽石旋風隊》等作品的塑膠模型。

── 您最初經手的是什麼工作呢？

我所隸屬的設計室，是負責設計包裝盒和說明書的單位，我擔綱包裝盒設計等工作。工作內容是發包委託繪製包裝盒用的畫稿，收到稿件後運用它來設計版面，當時我是委託原為日東成員的橫岡匠先生和上田信先生繪製相關畫稿。我個人第一份設計工作是「迷你鑽石旋風隊系列」的滑翔翼型（動力裝甲服），這款商品有許多相異配色版本和更換包裝盒版本，相關的工作其實不少。除了科幻角色之外，我也有經手超跑系列等比例模型，還有「妖怪系列」等陣容。對了，把《幻夢戰記蕾達》的包裝盒設計為成人影片錄影帶風格，其實是我的點子（笑）。儘管設計室的成員共有7人之多，但繪製說明書的工作其實很耗費人力，於是採取專屬成員4人，其他2、3人負責設計包裝盒的體制。不過我個人在專門學校是專攻工業設計，在平面設計方面其實是個外行人，因此在畫說明書的工程說明圖時是有樣學樣。有時也會因應需求製作要刊載在包裝盒上的情景模型，甚至也會經手拿照相機進行攝影之類的其他工作。

── 您從何時開始擔綱商品用設計工作呢？

大概是進公司的第2年吧，當時是從設計《鑽石旋風隊》的日東原創支援機體開始，不過那其實是拿河森正治老師設計的邪惡動力裝甲服重新設計成模型用版本，至於包裝盒設計則是我一手包辦。

── 日東也有重新生產販售MARUSAN的噴射垂直起降調查機和指揮車，請問您可有經手相關工作？

當時在首都圈的廠商是共用鋼模製作工廠，各廠商的鋼模也放在同一場所保管。日東的鋼模工廠位於船橋，於是我想到經由向圓谷製作公司洽商以使用封存在該處的鋼模。因為當時在進行「S.F.3.D」等企劃，沒辦法把預算花在其他地方。我這個年輕小伙子提的意見居然能成案，應該歸功於時代風氣。不過用日東名義販售其他公司的商品終究不太妥當，因此還是適當地取了「MASTER MODELS」之類的品牌名稱來做這件事。基於這點，我也經手那些商品的包裝盒設計等工作。

── 您在日東時期也有經手過「大河原邦男的有趣機甲世界 絕妙機甲」的相關工作對吧。

那正是開始進行「S.F.3.D」企劃那時的事呢。「絕妙機甲」本身是大河原邦男老師自己所提出的企劃，歷經一番波折後由日東取得頭籌。儘管大河原老師的設計中不包含文字相關設定，也沒透過漫畫等管道進行多媒體發展，卻也散發出讓人覺得「該不會之後要製作動畫

## 在日東的3年期間真的讓我學


資料協力／川田鉄男、HERO X

▲天馳裝備的包裝盒設計草稿。

▲海航裝備的包裝盒設計草稿。

▲陸行裝備的包裝盒設計草稿。

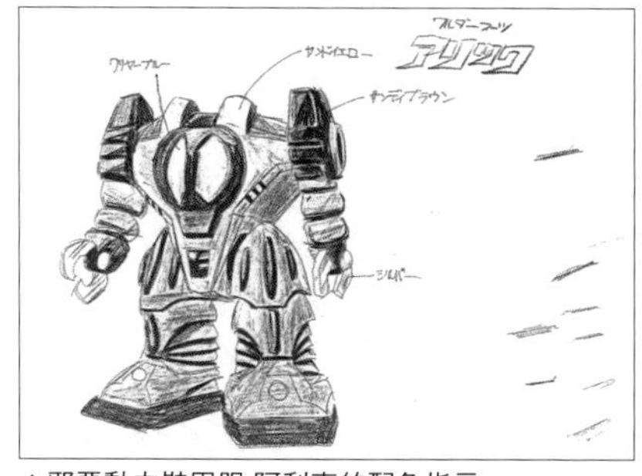
▲邪惡動力裝甲服 阿利克的配色指示。

## WORKS 1

新田老師在日東時期經手的作品集，可惜後來天馳裝備等動力裝甲服用強化組件未能推出商品。邪惡動力裝甲服，則是以河森正治老師的設定圖稿為基礎繪製而成。另外，原本還有打算將詮釋成可愛版的邪惡動力裝甲服製作成商品。

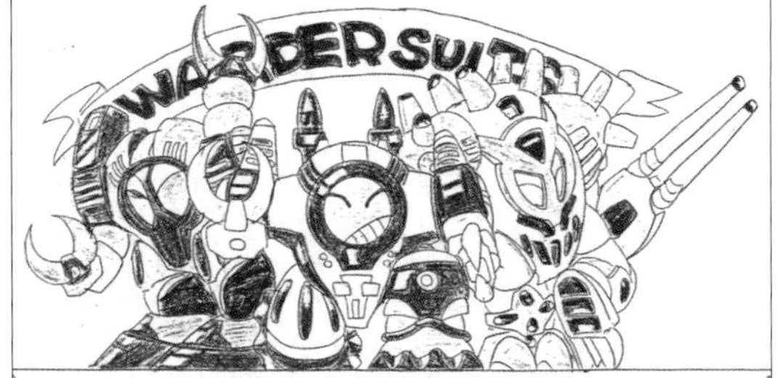
▲邪惡動力裝甲服的可愛角色。

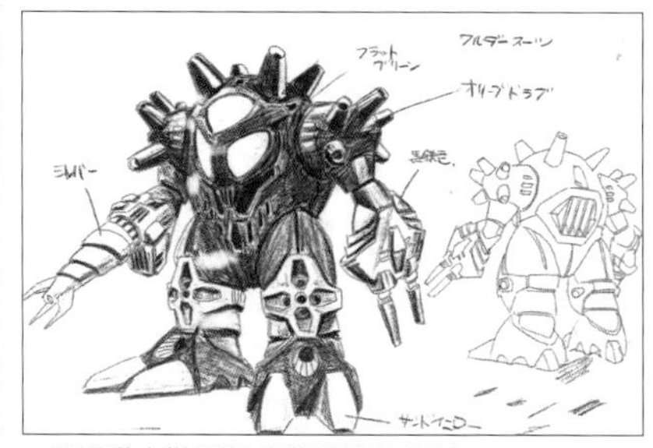
▲邪惡動力裝甲服 桑隆的配色指示。

吧？」的氣氛。在委託鴇田洸一老師繪製相關畫稿後，我也構思標準字設計、故事、世界觀等內容。因此「絕妙機甲」可說是我在日東時期的集大成之作，這3年期間真的讓我學到了許多事物呢。不過隨著公司決定結束營業後，我也打算以自由作家的身分獨立討生活。

### 以自由作家身分進行活動 經由在NAMCO任職轉換跑道進入PLEX

── 您在自由作家時期經手了哪些工作呢？

承包TAKARA公司外發的工作大概半年左右吧，我是透過為TAKARA商品經手平面設計的「PART ONE」公司接到相關工作，擔綱《零四Q太》商品之類的包裝盒設計。不過我覺得自己的個性懶散，不太適合當自由作家，於是便開始找新工作。然後經由橫岡匠先生的介紹進入NAMCO任職，並且在設計課負責型錄和廣告等領域的平面設計。不過我其實是想當一名工業設計師，我在公司裡也數度提及此事，結果其他部門還真的委託我協助設計業務，那正是為至今仍在營運的「甜蜜樂園」大型遊戲機台框體擔綱設計工作，我當時是經手初號機和2號機的設計。除此之外，在《鐵板陣》這款電玩的主角戰鬥機「太陽鳥」要推出軟膠玩具時，我還和其設計師遠山茂樹先生一起構思用於3機合體的設計，再來就是設計在遊樂園供人搭乘的遊具之類器材。

── 您在NAMCO工作多久呢？

我是在1985到1986年之間進公司的，大概任職4到5年左右吧。後來我自己也從設計課轉調至研發2課，負責設計以「打鱷魚」等遊戲為代表的大型電子遊戲機台框體。不過我覺得自己想做的工業設計並不是這些，於是在1990年時從NAMCO辭職，轉換跑道到文具廠商MAX任職，但我後來發現自己真正想做的還是玩具設計，於是便在出差回程的電車上買了求職資訊雜誌doda來看，剛好看到PLEX公司的徵才廣告。雖然徵才對象是30歲以內，我當時的年齡只能算是勉強過關，但我還是抱著死馬當活馬醫的想法去應徵。

── 結果您很幸運地獲得錄用了呢。

是啊，當時PLEX分為以大石（一雄）先生為首的超級戰隊組，以及由大堀（則之）先生率領的超級戰隊以外組這兩大團隊。大堀先生組參與設立BANPRESTO公司的相關事務，後來也就經手許多大型遊戲機台和兒童取向電玩的工作。另外，亦擔綱《鬼太郎》、《灌籃高手》、《名偵探柯南》等角色玩具的設計。而我個人也因為曾在NAMCO任職，所以被分派到大堀先生這一組，並且負責設計與大型遊戲機台框體和遊戲機並列陳設的設施等項目，這是1991～1993年那段期間的事情了。

### 平成超人力霸王3部曲啟動

── 後來《超人力霸王迪卡》的企劃也就突然交到您手上呢。

這件工作是在1995年的年底收到消息，首播時間則是在隔年的秋季。不過當時可是處於假如在黃金週之前沒能完成設計，節目就會開天窗的危急狀態。而且就連大石先生的團隊本身也忙到不得了，只好調幾個能設計機體的成員去幫忙，也就是我和松永（英男）先生還有大西（昭彥）先生這幾個人。在那之後真的忙到不行，為了能趕上在黃金週交稿，我們構思許多設計方案。不過《超人力霸王》畢竟是我從小就非常喜歡的英雄，能夠在這個系列於暌違16年後重返螢光幕的新作中盡一份力量，我還是覺得非常開心的。懷抱著「這種機會可

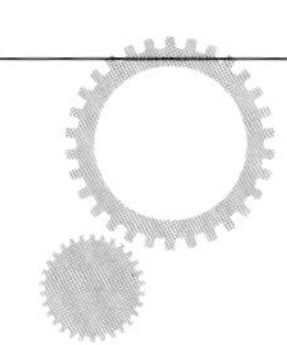

# 到許多事物呢

# 我在公司裡也奠定身為超人力霸

▲勝利之翼EX-J（特殊噴射機）。

▲杜魯凡202。

▲T.P.C遠東基地。

▲勝利之翼2號的提案說明草稿。

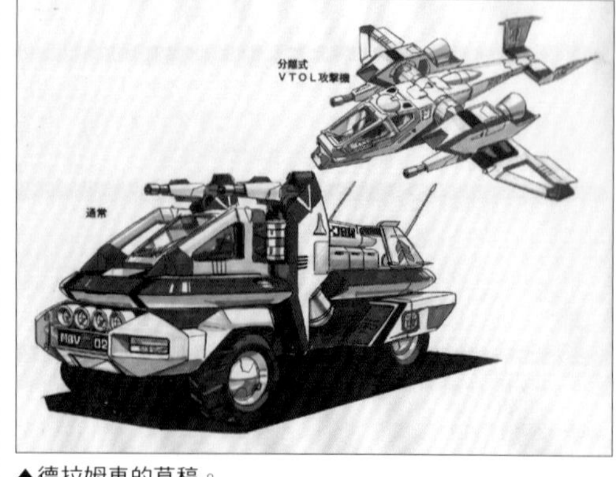


▲德拉姆車的草稿。

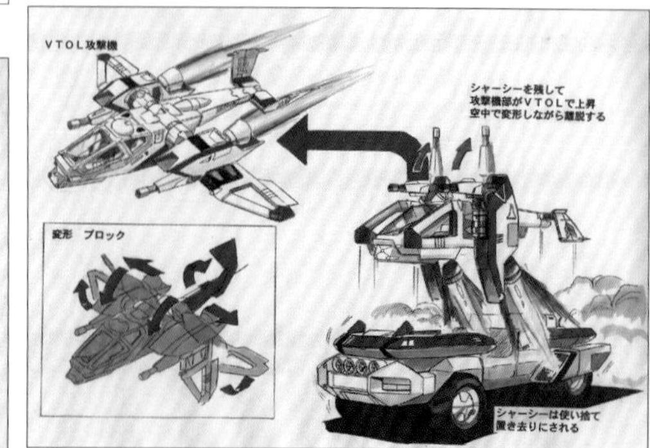


▲德拉姆車的活躍場面示意圖。

## WORKS 2

這是新田老師為《超人力霸王迪卡》所繪製的設定圖稿與草稿（影集中未登場方案），
只有杜魯凡202是由松永英男先生擔綱配色設計，在勝利之翼2號的草稿中，暫設標誌
和配色是設計成MAT風格的，德拉姆車這份草稿是在基本車輛定案前繪製的。

是千載難逢啊！」的想法，我卯足了勁進行設計。總之所有成員都設計多個方案，等到確定成案後就一同進行規劃配色的作業。由於不曉得到底是誰的設計方案獲得採用，因此幾乎是只要完成上色圖稿就等同於定案稿。不過，T.P.C遠東基地可是我一手包辦的喔。另外，我也繪製了勝利之翼2號的駕駛艙，2號本身是4人座機體，但聽到現場美術人員說「不曉得該怎麼配置才好」，我便協助繪製這個部分。

── 設計GUTS機體時有收到過具體指示嗎？

在機體設計方面，主要贊助商BANDAI公司是交給我們全權處理，只要BANDAI公司覺得OK，就會將設計案交給圓谷公司確認，流程大致上是這樣。總之這是將完稿速度擺在第一優先，圖稿水準擺在其次的緊急狀況。就這樣到了作業告一段落的歲末時分，由於後續作品也尚未定案，因此有好幾位成員都回到原有的工作崗位。故事尾聲登場的勝利之翼EX-J等機體，只好由我一個人包辦所有設計工作，就連公司裡也是抱持「即使只有一名設計師也要能獨立完成一件設計案」的態度。

── 續作《超人力霸王帝納》的企劃並沒有立刻成案呢。

確實是這樣呢，不過玩具倒是有著足以獲得社長獎的銷售佳績。後來《帝納》總算定案，我也從這部作品開始正式擔綱超人力霸王系列的體設計工作。我為《帝納》設計了勝利飛鷹、T.P.C綜合基地，以及移動要塞NF-3000。由於移動要塞NF-3000並沒有推出商品的規劃，因此我是完全依照個人喜好來畫的（笑）。勝利飛鷹有在當時任職於BANDAI的野中（剛）先生指點下進行調整，不過合體形式則是採用我的方案。3機合體這點確實是以終極鷹為藍本，但前端的α號是向三角垂直起降調查機致敬喔。其實在初期設計案中是把座艙罩設計成曲面造型，不過當時還沒有能製作曲面的技術，只好改為有稜有角的造型。值得慶幸的是，玩具賣得很不錯呢。

── 《超人力霸王蓋亞》是以所有機體都能變形成六角柱為設計概念，很令人印象深刻呢。

能變形為六角柱是我提出的方案，我覺得這樣一來就能讓剖面顯得很美觀。另外，因為收到過勝利飛鷹在尺寸上對小朋友來說太大了的意見，針對這點反省後，我才會決定要設計成可以單手持拿把玩的小巧尺寸。只是從六角柱能夠變化出多少種造型，這就是有待解決的課題，這方面我也和同事彼此競爭，希望能藉此激發出更多有意思的點子。希格戰鬥機EX能夠如同剝香蕉皮般地變形，這是連我自己也相當滿意的設計呢。能夠讓外形變得截然不同，在兒童之間很受歡迎，玩具也相當暢銷呢。

── 那麼空中基地是哪位設計的呢？

那也是我設計的，我連著3年都經手設計基地呢（笑）。我依循劇本中的敘述，一邊思考

# 王系列機械設計師的地位

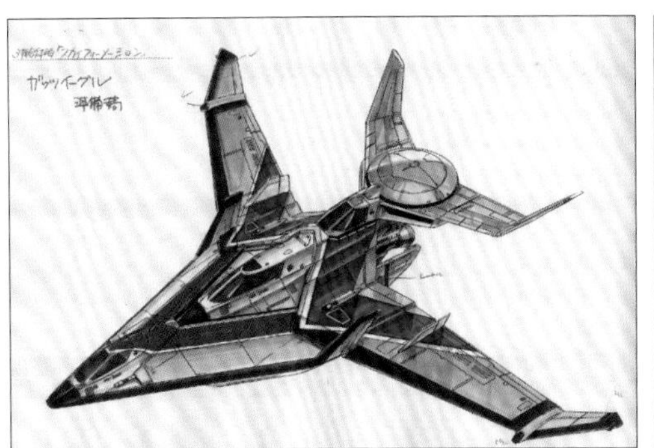

▲勝利飛鷹的準備稿。

▲ α 優越號。

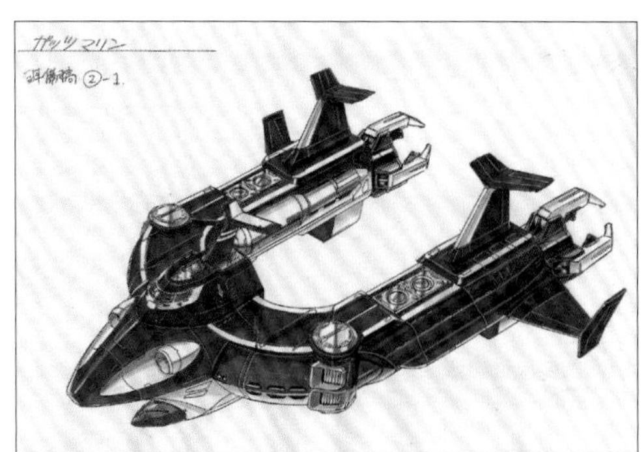

▲勝利潛艇準備稿。

▲T.P.C綜合基地。

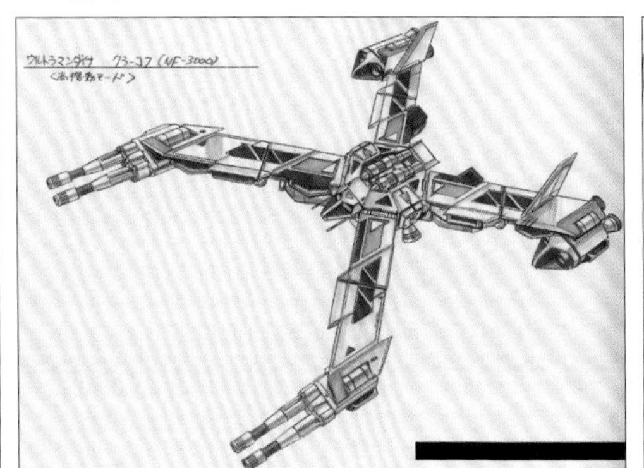

▲移動要塞NF-3000。

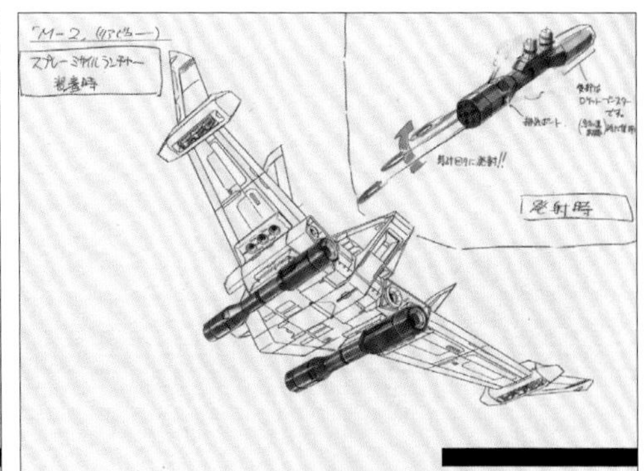

▲勝利飛鷹用榴彈型飛彈（影集中未登場）。

## WORKS 3

這些是《超人力霸王帝納》用設定圖稿畫集。儘管勝利飛鷹最後撤除雷達碟，但該概念也由隔年的和平號所繼承。勝利潛艇的拍攝用道具模型很難操作表演，理由其實在於追加中央船尾這個構造。榴彈型飛彈為玩具的套組購買附錄。

貨櫃機具在內部該如何移動，還有和平號要怎麼出動，一邊進行設計的，因此花了3天的工夫在繪製圖面。第1集的試映會時，看到片頭曲中的影像也令我感動不已。能夠拍攝得那麼威風凜凜，這真是身為設計師的福氣啊。就這樣在連續參與《迪卡》、《帝納》、《蓋亞》這3部曲的製作後，我在公司裡也奠定身為超人力霸王系列機械設計師的地位。

### 擔綱超人力霸王系列機械設計大顯身手的日子

──繼《蓋亞》之後，您是如何一展長才的？

在推出《超人力霸王高斯》之前有著3年的空窗期，但在這段期間內我也毫不間斷地在設計翻新版「POPYNICA PLUS」等玩具，在身為超人力霸王系列擔綱設計師方面也提出了各式點子。我自己覺得比起機械設計師，我所扮演的角色其實比較接近產品設計師，因此一定要設計到繪製成玩具用圖面時不會產生矛盾的程度才行。畢竟要是不這麼做，之後只會自掘墳墓，我向來將這點銘記在心呢。

──《高斯》時又是朝向哪種設計方向呢？

在空窗期這段時間裡，我們也構思各式可用在新作中的點子，畢竟「既然2001年要製作新的超人力霸王，那麼該設計什麼樣的機體才好呢」，核心模組換裝系統就是在那段期間想出來的點子。就像《萬能傑克號》是在艦內組裝艦載機一樣，想出為共通核心組裝零件構成戰鬥機的設計，這樣一來不僅易於增加種類，而且既然與地面用機體有著共通的系統，玩法也會變得更多。起初也就設計成充滿戰鬥機氣息的造型，可是新作主題在於「慈悲為懷，不會打倒怪獸的超人力霸王」，導致不適合採用顯得過於好戰的造型，只好重新進行設計。不僅如此，除了有電視版作品，尚有電影版作品存在，故事時間點更是設定在電視版之前，這也導致不得不將電影版機體設計成在技術面上比電視版還落伍的風格。針對這點，我想出如同MAT傾轉旋翼機般的螺旋槳機體。另外，基於「希望加上具備拳擊手套的手臂」等要求，後來又花不少工夫將這些設定融入設計中。

──在如此勞心勞力後，也才造就了在《高斯》中登場的諸多機體呢。

核心模組絕妙地發揮機能，得以推出諸多機型。包含電視版集數和電影版在內，這部作品本身拍了不少故事，就算在整個超人力霸王系列中也是篇幅最多的。《高斯》機體在必須別有韻味之餘，還得避免散發出好戰氣息，更要能製作成玩具，這可說是設計上的難關所在。為了克服這些問題，我也從中獲得了不少鍛鍊。在這之後直到2003年開始製作《超人力霸王納克斯》之前，我都在BANDAI與美泰兒公司合作成立的「美泰兒事業部」負責設計「機器人風火輪」系列。雖然每個月得去一次

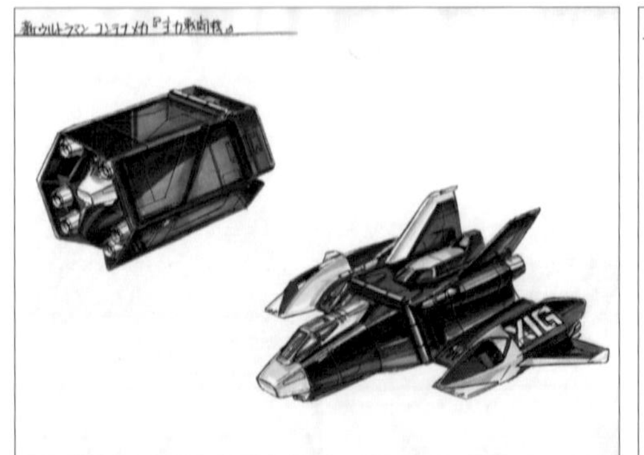

▲希格戰鬥機EX。

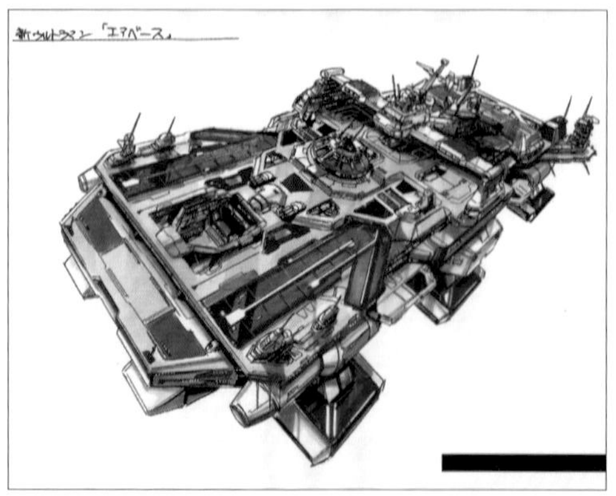

▲空中基地。

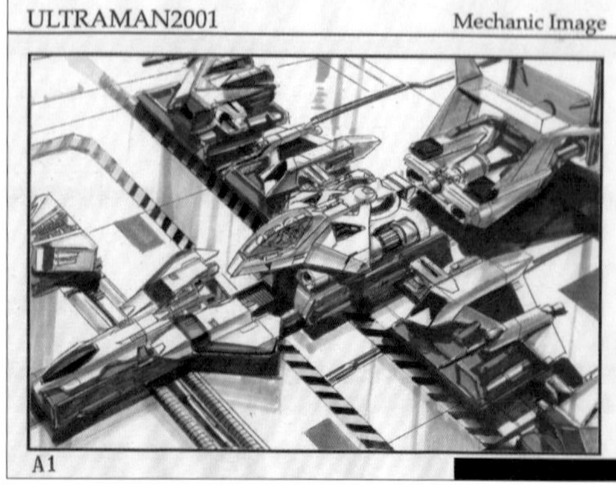


▲《超人力霸王高斯》用提案說明草稿1。

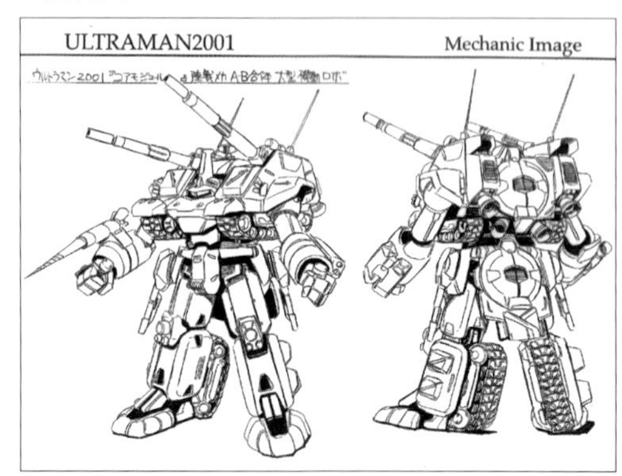


▲大型機動機器人。

▲《超人力霸王高斯》用提案說明草稿2。

## WORKS 4

上方為《超人力霸王蓋亞》的2份設定圖稿，以及《超人力霸王高斯》的草稿和影集中未登場設定圖稿。在專訪中也曾提過，《高斯》用機體是在節目企劃成按之前就畫的。在草稿1中明確點出了核心模組這個概念，草稿2的空中戰艦則是宛如圓谷製作公司作品《萬能傑克號》這艘主角船艦。

美國相當辛苦，但能夠和那邊的設計師一同工作也是絕佳經驗。

──《納克斯》時就交棒給新世代成員了呢。

主要設計是交給年輕的成員負責，我轉為擔綱輔助，同時也經手其他工作。由我經手的部分，僅有大型分離槍這把槍械的初期設計案呢。然而《納克斯》因故得得縮短檔期，導致接檔作品《超人力霸王馬克斯》非得快馬加鞭上陣不可，在這種緊急狀況下，我也只好回歸只要設計的位置。雖然我也接著參與接下來的40週年紀念作品《超人力霸王梅比斯》，不過我僅致力於設計作為主要機體的火砲鳳凰。這架機體有著由火砲翼鋒、火砲承載機、火砲推進機進行3機合體而成，以及駕駛艙可分離成能作為迷你合金車把玩的火砲高速機等機構，設計火砲高速機時充分應用先前經手機器人風火輪所得的經驗。儘管它能以迷你合金車形式和基地玩具中的鳳凰巢連動把玩，不過我在設計時確實也仿效《馬克斯》中泰坦基地的多層式迷你合金車把玩法。畢竟泰坦基地中也有讓飛機經由升降台到達上層後，再順著軌道滑下來的機構。鳳凰巢和泰坦基地這兩者，都是出自大石先生的設計呢。

── 在《梅比斯》之後，超人力霸王的電視版作品又暫時進入休眠期呢。

在這段期間裡，我有經手設計「大怪獸格鬥」這款卡片遊戲的大型遊戲機台框體，以及用來掃描卡片的的格鬥儀和新格鬥儀。這應該也是因為我有在NAMCO待過的經驗，才把這份設計工作交給我處理。隨著這款遊戲大為熱門，後來也改編成影集，我則是受委託設計宇宙盤龍號這艘太空船。圓谷公司提出的要求是「因為既是居住船也是貨船，所以要顯得粗獷些」，基於這點，我也多方設想「粗獷的太空船該是什麼模樣？」在最初的草稿中，我畫了能用機械臂之類設備抱住貨物的造型，但後來還是設計成了普通的太空船。在影集中有著和《梅比斯》的火砲高速機一樣，能夠作為駕駛艙的小型艇登場，儘管玩具原本打算做成能收納火砲高速機的形式，但就尺寸上來說實在辦不到。另外，其實船底貨艙本來想做成能夠收納怪獸軟膠玩具的形式，只是當真要這麼做的話，整艘船必須製作成大到不得了的尺寸才行，因此最後還是放棄這個想法。

── 宇宙盤龍號在電影《怪獸大戰爭 超銀河傳說THE MOVIE》中也有十分活躍的表現呢。

活躍表現比想像中來得更久呢。話說每部作品的CG團隊都不同，這也導致它每次登場時

# 我並不想畫他人的設計，而是

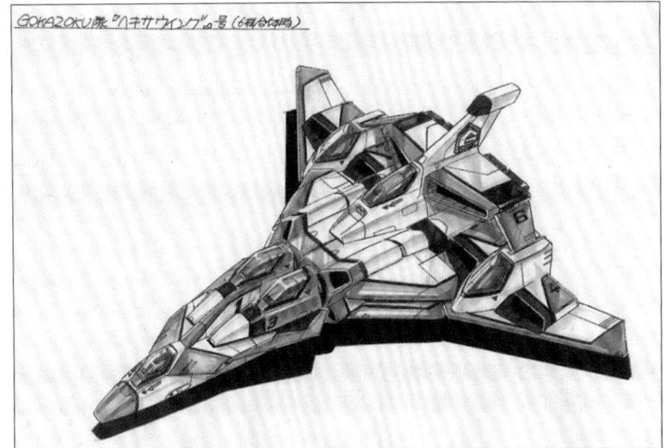

▲六合一飛翼號（耐斯）。

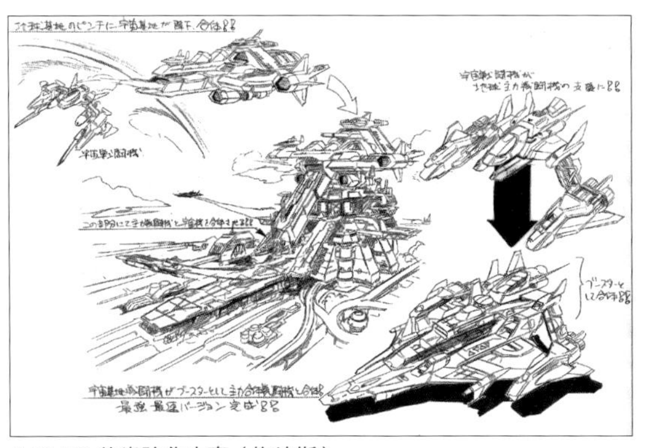

▲GUYS 後半強化方案（梅比斯）。

▲火砲鳳凰旋鑽強化機（梅比斯）。

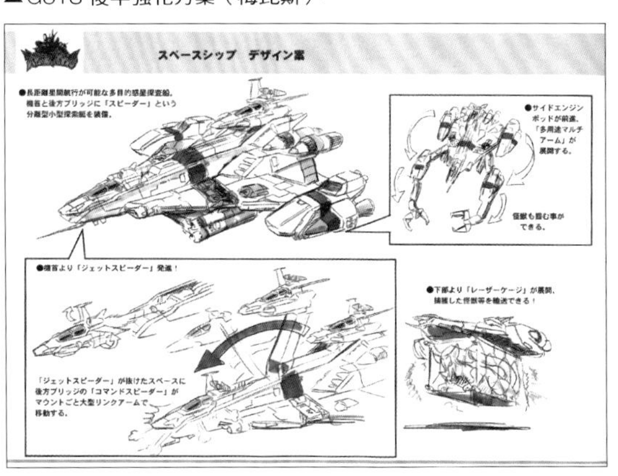



▲勝利之翼 EX-J（特殊噴射機）。

**主要作品列表**

- 超者萊汀（1996）
- 超人力霸王迪卡（1996）
- 超人力霸王帝納（1997）
- 超人力霸王蓋亞（1998）
- 超人力霸王高斯（2001）
- 超人力霸王納克斯（2004）
- 超人力霸王馬克斯（2005）
- 超人力霸王梅比斯（2006）
- 超級銀河大怪獸格鬥（2007）
- 超人力霸王傑洛 THE MOVIE 超決戰！貝利亞銀河帝國（2010）

## WORKS 5

上方為《超人力霸王耐斯》、《超人力霸王梅比斯》、《超級銀河大怪獸格鬥》的設定圖稿和草稿。GUYS強化方案是地球基地與宇宙基地合體的點子，亦一併繪製日後登場的火砲推進機原案。火砲鳳凰旋鑽強化機這個形態是和在小說《超人力霸王梅比斯 相異地平線》登場的火砲旋鑽合體而成，在影集中未登場。

的細部結構都有著微幅差異（笑）。另外，我有為超人力霸王傑洛變身用的超人力霸王傑洛之眼擔綱完稿作業，以及經手商品企劃用的「光之國」電漿火花塔（編註／附屬在「超人力霸王城市系列03 超人力霸王傑洛VS超人力霸王貝利亞」裡）圖面繪製等工作。後來雖然有著以《超人力霸王銀河》為首的新世代作品系列開始製作，但我覺得如今應該交棒給後進，自己要從擔綱設計的位置退下來才對，畢竟我已經參與得太久了。

── 怎麼說呢？

我擔綱設計其他商品時，要是不切換腦海中的開關，就會導致找不出設計的正確答案，這樣一來確實會造成困擾呢。參與製作某個系列太久，就容易產生這類的弊病。另外，年齡方面也是個問題，我的腦袋已經不像《迪卡》時動得那麼靈活了。再來就是時代已經有了很大的改變，如今已經是用數位技術進行設計的年頭，在設計時必須追求與以往截然不同的資訊量才行。我自己經過一番努力是勉強能做到，但光是想跟上年輕人就得費盡心思了（笑）。

── 新田老師筆下設定圖稿的線條都相當美觀工整，給人動畫用機械設定圖稿的印象，新田老師之所以能繪製出這等圖稿的原點何在呢？

我從小就喜歡畫畫，一切應該是從模仿各式圖畫開始的吧。對我格外影響深遠的，應該就屬德間書店發行的《宇宙戰艦大和號》浪漫專輯了。看過那本書裡刊載的大和號跟宇宙零式設定圖稿後，我覺得備受震撼，不禁萌生「原來動畫是用這種圖畫製作的！」和「我要用鉛筆把這些精緻的圖畫給描下來！」等想法。自此之後在《大和號》的影響下，許多書都開始刊載科幻動畫的設定圖稿，而看到這些圖稿之後，我也會在傳單背面或筆記本一隅模仿描繪。這段時期持續很久，於是我也開始想著要找能夠繪製這類畫的工作。一般來說應該會以當動畫師為目標，但我並不是想畫其他人設計出來的東西，而是想要畫能給其他人作為範本的圖。因此一開始就能到日東工作可說是十分幸運，畢竟各個業界是彼此分工合作的，我就近看到河森老師筆下的邪惡動力裝甲服設定圖稿後，從中學會要如何繪製設定圖稿。為了增加視覺資訊量起見，必須畫出各種角度的模樣。另外，之所以能夠為《迪卡》繪製出駕駛艙的俯視圖，顯然也是託當年拚命模仿描繪《大和號》設定圖稿的福。我筆下畫稿和商品設計的不同之處，應該就是源自於這裡吧。

（2012年10月27日於中野進行採訪）

# 想畫能作為他人範本的圖

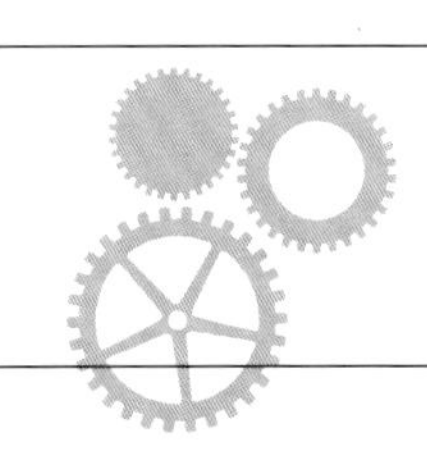

■《機動戰士鋼彈 逆襲的夏亞》

這一期是《逆襲的夏亞》特輯，這部電影在1988年上檔，算起來已經是33年前的事了呢……就MS方面來說，其實比起ν鋼彈或沙薩比，我對於稍晚一些之後，出淵裕老師擔綱繪製插圖的小說版ν鋼彈（Hi-ν鋼彈）製作成立體範例那檔事印象還比較深一些。

話說回來，如今幾乎所有的MS都已經推出套件了，總覺得這還真是個驚人的狀況啊。

■在家中進行煙燻

這個單元也喜慶連載第10回了，雖然打從創刊起就是個相當另類的存在，不過就本書的主要讀者來說，應該有不少是我在1980年代到1990年代活躍於編輯模型雜誌時就在看的忠實讀者吧，因此應該有著能包容這點的寬宏大量才是。

話說，這期應該是在秋冬之際發行的，原本是打算做火鍋或燉煮類料理的，不過整理廚房時找到煙燻用鍋（膳魔師的簡便煙燻鍋）。若是在盛夏酷暑時期，肯定不會想太多，但最近天氣已經變涼了，因此稍微思考一下，決定來做好一陣子沒碰的「煙燻料理」。

Shin Yashoku Cyodai

# 真・消夜分享

Tadahiro Sato

佐藤忠博

第10回

## 來吃煙燻料理

接著我又想起很久以前去市內某間壽司店時，曾經吃到過很美味的煙燻醋醃青花魚，要是能搭配冰鎮日本酒一起吃，肯定會更美味。

另外，還拿了冰箱裡有的起司、香腸，原本打算做火炒料理而買的鵪鶉蛋來搭配。因為很久沒製作過這類料理了，因此拿了料理書籍附錄手冊的食譜當作參考。

儘管可以在家裡做沒錯，但這次總共做了4道料理，因此廚房比其他地方染上更重的煙燻味。

■近況

在寫這篇原稿之前，總算解除新冠疫情的緊急狀況，以及對餐飲業的限制，因此總算能跟睽違已久的朋友和工作相關人士聚餐。仔細一想才發現，不少人是2年以上沒真正碰過面，也讓我重新體認到退休後受到新冠疫情的影響有多大呢。

佐藤忠博　1959年出生…曾擔任過HOBBY JAPAN月刊編輯長、電擊HOBBY MEGAZINE（KADOKAWA發行）的首任編輯長等職務，在模型玩具業界已有38年以上的資歷。從事自由業已經超過2年，目前主要是在HAL-VAL股份有限公司的事務所經手編輯、宣傳、企劃等工作。雖然是個人身分，但也能承包相關的委託案喔！

menu

### 各式煙燻料理

①為了在家裡也能輕鬆製作煙燻料理，因此幾年前買了膳魔師的「簡便煙燻鍋」。這款附鍋蓋耐熱陶瓷鍋是以保溫容器、烤網、加熱用石（烤地瓜用）為套組。當年是作為三得利威士忌相關商品一起買的，所以還附有5種煙燻用木片套組。

②這次準備的食材有市售醋醃青花魚、香腸（SCHAU ESSEN牌的！）、鵪鶉蛋（用來滷的）、6P起司（無照片）。鵪鶉蛋要浸泡在為水加入砂糖、鹽、香辛料等材料所調出的滷液中。各食材都要靜置1小時等候乾燥，再進行煙燻。

③為耐熱陶瓷保溫容器裡頭鋪上鋁箔紙，再放上木片。木片的量要視食材而定，不過大致上是5至10g左右。

④醋醃青花魚放在烤網上，不加蓋、用大火加熱到冒煙。冒煙後蓋上鍋蓋，改用小火燻10至15分鐘。煙燻時間視食材而定，請參考商品包裝或是透過網路等管道確認。

⑤煙燻料理完成。由於起司比較薄，又搞錯煙燻時間，因此弄得稍微有點硬。醋醃青花魚似乎是受到本身屬於「醋醃青花魚腹肉」的影響，沒辦法順利做好，整個散開了。也罷，畢竟好久沒使用過煙燻器材，下次再找個時間做做看吧。

煙燻料理完成後，拿北海道「上川大雪酒造」的生酒「緑丘藏『上川大雪』SHIRO」來搭配，這是精米50%，口感溫順的出色日本酒呢。

# 名為編輯後記的
# 模型閒談

接連做了《太陽之牙達格拉姆》和《福音戰士新劇場版》這些《鋼彈》以外作品一段時間後，再度重回《鋼彈》懷抱所推出的特輯正是《逆襲的夏亞》。其實這是我個人最喜歡的作品，我還記得當年上檔時，自己跑去大阪梅田的電影院看呢。後來歷經錄影帶、LD、DVD的時代，我至今也仍頻繁地用BD反覆欣賞這部作品喔。

除了船艦和迷你MS以外，這次應該網羅了所有登場機體，不過也依然有著未能刊載到的套件就是了。日後應該會另找良機做到真正齊聚一堂的境界，敬請期待。

（文／HOBBY JAPAN編輯部 木村學）

## 無論如何都不可少的月神五號

在構思該如何拍攝出基拉・德卡最初的活躍場面時，頭一個想到的就是用「月神五號」當背景如何，於是就這樣做了。儘管在形狀上相對地較單純，但我手邊並沒有刊載完整形狀的設定資料書籍……於是只好反覆收看這部動畫，藉此確認形狀、核脈衝引擎的位置、大小尺寸，再把畫出的草稿給裁切下來。草稿完成後，接著就是收集材料。原本打算到居家生活用品賣場買塊狀保麗龍，偏偏那裡只有賣薄板狀和超大塊的，只好跑附近的模型店看看。結果那邊不僅鐵道模型類產品種類相當豐富，設置地台用的適當大小保麗龍也滿地都是，不愧是TamTam啊！再來就是一併找適合用來製作核脈衝引擎的市售噴射口零件，這邊剛好也有，就是WAVE推出的噴射口套組。

買齊各式大小後，接著就開始製作。先用美工刀將保麗龍裁切出雛形，月神五號的輪廓也就成形了。完成大致的形狀後，再來是為表面塗佈模型膠水，這麼一來，保麗龍表面很快地就被融得坑坑疤疤的，形成凹凸不平的岩壁表面。接著塗佈石膏，等到乾燥之後，即可塞上噴射口零件並用瞬間膠固定住。最後只要施加塗裝，一切就大功告成了。為了便於攝影起見，用黃銅線裝在木製台座上固定。

其實原本想一併製作阿克西斯，不過它的形狀較複雜，再加上手邊還有其他單行本和月刊的工作得處理，因此實在是抽不出時間來製作。阿克西斯就留待日後的其他機會再做囉！

▲儘管只花1天就簡單地製作完成，看起來卻也頗有那麼一回事呢。

▲引擎也比照動畫中的位置來裝設，為了讓它們看起來像是在噴發出焰光，因此用噴筆塗裝為黃色。

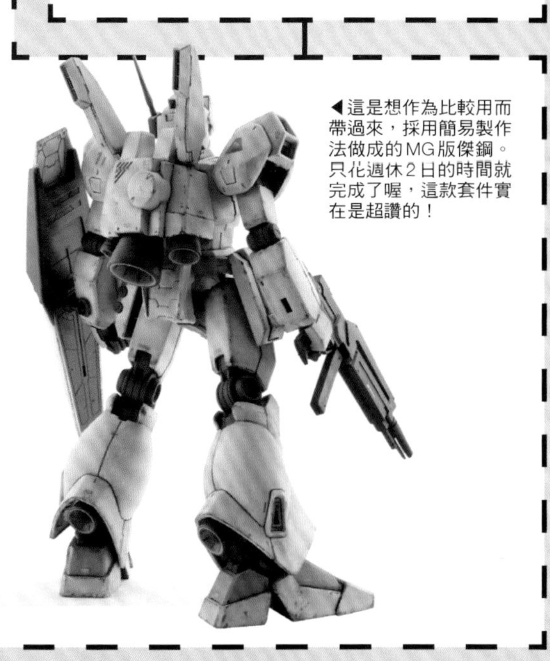

◀這是想作為比較用而帶過來，採用簡易製作法做成的MG版傑鋼。只花週休2日的時間就完成了喔，這款套件實在是超讚的！

## STAFF


| | |
|---|---|
| 企劃・編輯 | 木村 学 |
| 編輯 | 五十嵐浩司(TARKUS)<br>高柳豊(TARKUS)<br>吉川大郎 |
| 封面模型 | NAOKI、只野☆慶 |
| 封面模型攝影 | 河橋将貴(スタジオアール) |
| 設計 | 株式会社ビィピィ |
| 攝影 | 株式会社スタジオアール |
| 協力 | 株式会社青島文化教材社 |





| | |
|---|---|
| 出版 | 楓樹林出版事業有限公司 |
| 地址 | 新北市板橋區信義路163巷3號10樓 |
| 郵政劃撥 | 19907596 楓書坊文化出版社 |
| 網址 | www.maplebook.com.tw |
| 電話 | 02-2957-6096 |
| 傳真 | 02-2957-6435 |
| 翻譯 | FORTRESS |
| 責任編輯 | 詹欣茹 |
| 校對 | 邱凱蓉 |
| 內文排版 | 洪浩剛 |
| 港澳經銷 | 泛華發行代理有限公司 |
| 定價 | 480元 |
| 初版日期 | 2023年12月 |

國家圖書館出版品預行編目資料

HJ科幻模型精選集10 機動戰士鋼彈「逆襲的夏亞」特輯 / HOBBY JAPAN編集部作；FORTRESS譯. -- 初版. -- 新北市：楓樹林出版事業有限公司, 2023.12　面；　公分

ISBN 978-626-7394-10-6（平裝）

1. 玩具 2. 模型

479.8　　112018226